KB143716

엔지니어 메일이 도착했습니다

젊은 공학도를 위한 아홉 통의 편지

엔지니어 메일이 도착했습니다

1판 1쇄 인쇄 2024년 5월 10일
1판 1쇄 발행 2024년 5월 17일

지은이 한귀영

펴낸이 유지범
책임편집 구남희
편집 신철호 · 현상철
외주디자인 심심거리프레스
마케팅 박정수 · 김지현

펴낸곳 성균관대학교 출판부
등록 1975년 5월 21일 제1975-9호
주소 03063 서울특별시 종로구 성균관로 25-2
전화 02)760-1253~4
팩스 02)760-7452
홈페이지 http://press.skku.edu/

ISBN 979-11-5550-631-8 03500

답장 전체답장 전달 | 삭제 스팸차단 안읽음 | 이동 ▾ 더보기 ▾

☆ 젊은 공학도를 위한 아홉 통의 편지

^ 지은이 한귀영

엔지니어 메일이 도착했습니다

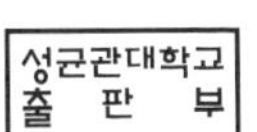

Send

차례

다섯 번째
메일

여섯 번째
메일

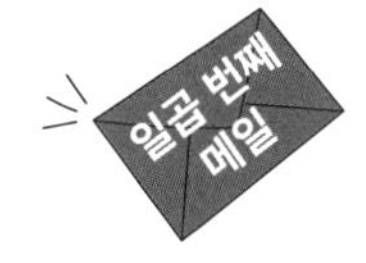
일곱 번째
메일

여덟 번째
메일

아홉 번째
메일

시작하며

'공학'은 사람들의 눈에 바로 보이는 부분이 많지 않다. 그래서 공학이 우리 삶의 많은 부분에 기여하고 있음에도 불구하고, 공학자는 정당한 대우를 받지 못하는 직업이라는 생각이 든다. 모든 직업은 가치가 있고 의미가 있다. 다른 직업 또한 공학자처럼 생명을 구하고, 재산을 보호하고, 인권을 지키고, 사람다운 삶을 누리는 데 기여하는 바가 크다. 그러나 수많은 사람들의 삶에 광범위하게 끼치는 영향을 생각한다면, 직업의 가치를 조금은 다르게 볼 수도 있을 것이다.

코로나로 생사의 갈림길에 있는 환자를 구하려는 의사와 간호사의 헌신적인 모습은 감동적이고, 그 직업의 가치를 다시금 크게 느끼게 한다. 하지만 백신을 대량으로 생산하고, 유통하고, 관리함으로써 수천 만 명의 사람들에게 안전한 백신을 공급하는 일 또한 의료인의 역할 못지않게 중요하다. 어쩌면 더 많은 사람들의 생명을 구한다는 점에서는 그 가치가 더 크다고 할 수 있다.

공학이 정당한 대가를 받지 못한다고 여기는 이유는 사람들이 공학적 산물을 당연한 것으로 여기기 때문이다. 공학적 일은 대부분 '불특정 다수의 안전과 편의'를 도모하다 보니 특정 계층의 사람들에게는 그 가치를 증명하기가 어렵다. 상하수도 개량으로 식수와 공중위생 문제가 해결되면서 많은 사람들의 삶의 질이 향상되고 유아 사망률도 떨어졌지만, 이러한 공학적 성과는 대부분의 일반인에게는 잘 체감이 되지 않는다. 서울 시내 대기 질은 한때 매연으로 악명이 높았다. 많은 사람들이 서울의 대기 오염에 대한 우려와 원성을 쏟아냈다. 고심 끝에 대기 질 악화의 원인인 디젤 버스를 천연가스 버스로 바꾼 후 서울의 공기는 전보다 크게 깨끗해졌다. 하지만 이런 개선에 기여한 공학자의 노고에는 어느 누구도 관심이 없다.

모두가 알다시피 과거 우리나라는 중화학 공업을 집중적으로 육성함으로써 경제적 부흥을 이루었다. 그러나 중화학 공업을 시작하는 단계에서는 많은 사회적, 환경적 문제가 발생한다. 어느 나라든지 고도성장 과정에서 부작용 없이 성공한 사례는 드물다. 이런 중화학 공업의 성장을 발판으로 오늘날 전 세계 8위 정도의 경제대국이 되었고, 국가의 부와 위상 또한 그에 걸맞은 상황에 이르게 되었다. 따라서 국가 발전을 이룩하는 데 중화학 공업의 최전선에서 젊음과 열정을 바친 공학자들의 노고에 정당한 보답과 존중은 마땅히 있어야 한다고 본다.

나는 이 책을 통해서 우리나라 국가 경제의 최전방에서 묵묵히 자신의 역할을 다함으로써 국가의 성장과 발전에 핵심적인 역할을 한 공학인들과 앞으로 공학을 직업으로 삼고자 하는 젊은이들에게 공학의 가치와 의미에 대해 자부심을 갖고, 공학을 잘 수행하는 데 도움이 되는 지식들을 전하고자 한다.

나는 1994년 『새로운 사고의 엔지니어 성공학(Being Successful as an Engineer)』이라는 책을 번역해서 출판한 적이 있다. 이 책은 엔지니어가 갖추어야 할 것들, 알아두어야 할 것들에 대해 지침이 되는 내용들이 주를 이루고 있어 우리나라 공과대학 학생들에게 반드시 필요하다고 생각했기 때문이다. 그뿐만 아니라 그동안 기업체와 연구소, 학교에 재직하면서 많은 공학적 프로젝트를 수행해왔고, 연구 프로젝트 과정에서는 국가 연구소, 민간 연구소 그리고 민간 기업 자문을 통하여 다양한 경험을 쌓아왔다. 따라서 이러한 여러 가지 경험들을 학생들과 공유함으로써 공학교육에 대한 나의 관심과 경험을 후배들에게 전달하고, 이를 통하여 지식과 경험이 다음 세대로 잘 전수되는 좋은 선례가 되기를 간절히 바란다. 이런저런 경험을 잘 정리하여 지혜의 형태로 바꾸는 일이 쉬운 것은 아니지만, 이렇게 소중한 경험들을 나 혼자만 가지고 있는 것은 바람직하지 않다고 생각하고 있었다. 그 후로도 꾸준히 공학교육에 대한 깊은 관심을 갖고 공학에 관련된 책들을 즐겨 보다가 정년을 얼마 앞둔 시기에 그동안 학교와 기업체에서 겪은 경험들이 미래의 공학자들에게 바람직한 공학자의 상을 확립하는 데 도움이 되었으면 하는 마음에서 이 책을 쓰게 되었다.

공학 또한 시대에 따라 중요하다고 여겨지는 영역이 바뀌고는 있지만, 직업으로서 공학자가 가져야 할 자세, 공학의 역할, 소양, 사회적 책임은 변하는 않는다. 무엇보다 핸드폰, 인공지능, 챗GPT, 전기 자동차에서 보듯이 공학적 발명이 우리 사회를 어떻게 변화시키고, 그 파급력이 얼마나 큰지 잘 알아야 한다.

공학도들이 공학의 길로 들어서게 되는 계기는 다양하다. 어떤 학생은 어릴 때부터 공학 관련 일에 관심이 많아 대학 진학 때도 주저 없이 공학의 어느 한 분야를 전공으로 선택한다. 불행하게도 어떤 학생은 공학에 그다지 관심과 흥미도 없었는데 학교 또는 학원에서 정해주는 입시 성적에 맞추어서 특정 대학의 특정 공학 관련 학과에 지원을 한다. 사실 이런 학생들에게는 이미 선택한 자신의 밥벌이와 관련해 전공 관련 지식을 제대로 제공하여 실망감이나 두려움 없이 훌륭한 공학자로 태어날 수 있도록 도와야 한다. 이런 학생들까지 모두 소중한 인적자원으로 키워나가야 한다.

그런 측면에서 이 책은 과거에 공학에 대한 지식이나 관심 또는 흥미가 없는 공과 대학생에게 가장 적합한 책이라고 할 수 있다. 공학의 본질, 구성, 작업방식을 꼼꼼하게 이해함으로써 훌륭한 공학도로 성장하는 데 도움이 될 것이라고 믿기 때문이다. 바라건대 이 책이 젊은 공학도들이 공학의 의미와 가치, 그리고 사회에 미치는 영향을 잘 인식하고 부디 성공적인 엔지니어로 성장하는 데 조금이라도 도움이 되길 바란다.

이 책은 저자가 젊은 공학자에게 보내는 편지 형식(이메일 형식)으로 서술했는데, 이 방식은 도스토옙스키의 소설 『가난한 사람들』에서 영감을 받았다. 이 소설은 주인공인 두 남녀가 주고받는 사랑의 편지로만 구성되어 있다. 이런 서술법은 소설을 이해하고 그 상황을 받아들이는 데 있어 보다 많은 상상력과 호기심을 동원하게 하는 설득력을 가지고 있다고 생각했다. 나 또한 감히 이런 방식으로 독자의 상상력을 불러일으키고 싶다. 아무쪼록 이 책을 통해서 공학에 종사하는 사람들에게 조금이라도 자신을 돌아보고, 또 발전할 수 있는 계기를 마련하길 바란다.

답장 전체답장 전달 | 삭제 스팸차단 안읽음 | 이동 ▾ 더보기 ▾

☆ 첫 번째 메일

공학과

과학

A Send

답장 전체답장 전달 | 삭제 스팸차단 안읽음 | 이동 ▾ 더보기 ▾

☆ 공학과 과학 비교하기

2023. 2. 17. (금) 13:17

︿ 보낸사람 한귀영
받는사람 H군

H군에게,

처음으로 자네에게 메일을 써 보네. 자네도 아마 이런 메일은 처음이겠지? 가까운 친구로부터 자네가 공학을 직업으로 희망한다고 들었기에, 메일을 통해 자네에게 도움이 될 만한 이야기들을 해주려고 하네.

내가 이렇게 메일을 쓰는 이유는 요즘처럼 서로가 바쁜 일상에서는 만나서 이야기하는 것보다 오히려 차분하게 생각할 시간이 있을 때 이 메일을 천천히 읽어보면서 자신의 생각을 확립하는 편이 더 효과적이라는 생각이 들었기 때문이네.

이 메일은 내가 공학 분야에서 40년 정도 일하면서 겪은 경험과 수많은 책에서 얻은 지식을 바탕으로 하고 있으니 어느 정도는 자네에게 적절한 도움이 되리라 생각하네.

그러나 공학에는 많은 전공 분야가 존재하고, 내가 그 분야를 모두 알거나 경험한 것은 아니기 때문에 세세한 공학적 일보다는 공학 전반에 관한 이야기를 주로 하고자 하네. 앞으로 몇 번의 메일을 통해 나는 공학과 과학의 차이, 공학의 핵심적인 분야인 창의성, 공학의 기본 작업 단위인 프로젝트, 공학 조직에서의 인간관계, 공학의 조직 문화와 리더십, 여성 공학자, 공학과 인문학 등을 주제로 이야기할 걸세. 마지막으로 공학자로 성공한다는 것의 의미로 이 메일은 끝이 날걸세.

메일은 약 한 달 간격으로 보낼 것이고, 자네가 성장하는 모습을 보는 것만으로도 나는 만족할 걸세.

✉

오늘 보내는 첫 번째 메일은 공학을 바르게 이해하는 데 필요한 내용으로, 공학과 과학의 차이점에 대해 먼저 이야기하려 하네.

나는 자네가 공학과 과학의 차이를 우선 잘 알았으면 하네. 사실 공학은 과학에 많은 빚을 지고 있지만, 과학 또한 공학에 많이 의존하고 있는 것이 현실이네. 차이를 아는 것은 자신의 역할에 대해 분명한 인식을 갖는 것이기에 매우 중요하네.

내가 생각하는 공학과 과학의 차이점, 그리고 동시에 그 차이를 구별할 수 없는 상황들을 알아보겠네. 먼저 우리가 잘 알고 있는 윌리엄 톰슨(William Thomson, 켈빈 경으로 잘 알려짐)에 대한 이야기로 시작하겠네.

1866년 7월 영국과 미국을 잇는 대서양 해저 전선 설치가 성공적으로 이루어졌다네. 1855년 이 엄청난 프로젝트가 시작된 이후 여러 번의 실패 끝에 새뮤얼 모스가 발명한 모스 전신기를 이용하여 영국에서 미국으로 통신이 가능하게 된 것이네. 이것은 인터넷의 전신인 유선 통신 네트워크가 연결된 것으로 세계화의 시발점이라고 할 수 있지. 대서양 해저 전선망의 성공은 위대한 과학자이자 공학자인 윌리엄 톰슨의 끈질긴 노력으로 성공을 거두었다네.

1824년 아일랜드에서 태어난 윌리엄 톰슨은 어릴 적부터 총명했으며, 케임브리지 대학을 2등으로 졸업한 후 스물둘 젊은 나이에 글래스고 대학의 자연철학 교수로 임명되었네. 전기동역학과 열역학에 대한 수학적인 분석으로 수리물리학에서 큰 업적을 남긴 전형적인 천재라고 할 수 있지. 게다가 그는 앞서 언급한 대서양 해저 전선 설치와 수많은 특허 및 발명과 실용적 응용을 통한 공학적 업적으로 위대한 과학자이자 공학자로 칭송받고 있다네.

윌리엄 톰슨의 일생을 자세히 살펴보면, 그의 과학자와 공학자로서의 삶이 좀 더 분명해질 걸세. 과학적 활동을 보면 영국 케임브리지 대학 시절 '카르노 기관(Carnot Engine)'의 근본 원리를 밝히는 수학적 논문을 발표했고, 후에 줄과 함께 '줄-톰슨 효과' 이론을 제시하여 향후 공기의 액화 및 냉매의 냉각 연구로 냉동공학의 기초를 다졌다네. 그는 대학을 졸업하고 프랑스 르뇨 연구실에 들어가 전자기학 연구를 수행하게 되는데, 당시 연구실에서 "완전무결함과 정밀함에 대한 애정, 그리고 인내라는 덕목을 배웠다"고 말했다네. 윌리엄 톰슨의 열역학에 대한 기여, 학문적 가치 그리고 과학자로서의 자세는 영국 캠브리지 대학의 과학철학 교수인 장하석의 저서 『온도계의 철학』[1]에 잘 서술되어 있네. 다소 두꺼운 책이지만, 공학도에게 필수적인 열역학과 절대온도에 대한 광범위하고, 철학적인 고찰로 가득하니, 꼭 읽어볼 가치가 있네. 게다가 이 책은 과학철학의 명저로 알려진 『과학 혁명의 구조』[2] 이후에 나온 가장 훌륭한 과학철학 책으로 인정받고 있다네.

또한 그는 열역학에서 가장 중요시되는 절대온도 개념을 제안하여 열역학의 이론적 발전에도 크게 기여했다네. 한편 공학자로서의 그의 공헌을 보면, 1857~1866년 당시 가장 큰 공학적 난제였던 대서양 해저 전선망 설치에 기여한 기술고문직을 수행하였고, 그 공로로 1866년 켈빈 경(Lord Kelvin)이라는 기사

---

1 온도계의 철학, 장하석, 오철우 옮김, 동아시아, 2013

2 과학 혁명의 구조, 토머스 쿤, 김명자·홍성욱 옮김, 까치, 2013

작위를 받았다네. 그 외에도 총 661편의 과학 논문을 발표하였고, 경 전류계, 사이펀 리코더, 절대 전위계, 자이로컴퍼스 등을 발명하여 75개의 특허를 받게 되는데, 왕성한 활동 기간을 대략 40년으로 계산하면 놀랍게도 매년 10편 이상의 논문과 2개 정도의 특허를 낸 것이라네. 정말 엄청난 연구 업적이 아닐 수 없지. 2011년에는 공학적 업적을 인정받아서 일곱 번째로 '스코틀랜드 공학 명예의 전당'에 들어가기도 했다네.

그의 생애를 보면 공학자와 과학자의 모습을 동시에 볼 수 있고, 특히 과학의 실용화를 무엇보다 중요시한 사람이라고 할 수 있다네. 이렇듯 공학과 과학은 추구하는 목적이 서로 다르기는 하지만, 한 사람의 업적을 간단히 공학적 또는 과학적이라고만 나눌 수 없는 경우가 많이 발생한다네.

요즘과 같이 과학과 공학의 모든 분야가 매우 깊이 있고 세분화된 전공으로 나뉜 상황에서는 켈빈 경과 같이 과학과 공학을 함께 아우르는 사람이 나오기 힘들 것이네. 어쨌든 이 책의 첫머리에 켈빈 경의 이야기를 하는 이유는 과학과 공학의 유사성과 그 차이점을 말하고자 하기 때문이네. 혹자는 과학과 공학의 구별이 그리 중요한 일이 아니라고도 하지만, 분명한 것은 두 학문 영역은 서로 다른 목적을 추구하고 있고, 그럼에도 사람들은 능력에 따라서 과학적인 일과 공학적인 일을 동시에 할 수도 있다는 점을 말하고 싶네. 매우 예외적인 경우라고 할 수도 있지만, 사실 불가능한 일만은 아니라네. 여기서 단순하게 공학과 과학의 차이를 말하자면 과학은 '발견하는 것'이고 공학은 '실천하는 것'이라고 할 수 있네. 즉, 문제를 발견하는 것이 과학자라면, 문제를 해결하는 것은 공학자라는 뜻이네.

혹시 1998년에 개봉된 영화 《아마겟돈》을 아는지 모르겠네. 이 영화는 머지않은 시간에 혜성이 지구에 충돌한다는 내용을 담고 있다네. 혜성이 지구의 궤도에 진입하여 충돌한다는 예측을 발견한 것은 과학이고, 그 혜성이 지구에 충돌하지 못하도록 그 혜성을 파괴하는 것은 공학이라는 설정이었네. 이제 좀 이해가 될 것이네. 영화에서는 천체 물리학자가 우연히 지구에 접근하는 혜성을 발견하고, 그 운행 궤도를 계산하여 정확히 언제 지구와 충돌하는지를 밝혔네. 그러자 이 절대 절명의 위기를 극복하기 위한 많은 아이디어가 쏟아져 나왔고, 결국 가장 실현 가능성이 높은 아이디어가 채택이 된다네. 그 아이디어는 지구 특공대가 그 혜성에 착륙하여 원자탄으로 혜성을 폭파하고 돌아오는 것이네. 임무를 수행할 특공대가 조직되고 영화는 우여곡절 끝에 혜성을 폭발시키고 무사히 지구를 구한다는 내용이네. 즉 지구에 충돌하는 혜성을 발견하고 그 충돌 시점을 계산한 것은 과학자의 업적이고, 지구에 충돌할 혜성을 파괴하여 지구를 구한 것은 공학자의 업적이네. 이 영화를 통해서 공학과 과학의 차이를 잘 이해했을 것이네.

실제로 우리 사회에서 새로운 발견이나 발명, 혁신적인 것들은 모두 과학적 원리에 바탕을 두고 공학적 응용으로 만들어지는 것이 대부분이네. 그래서 공학은 과학에 기반을 두고 있으며, 과학은 공학의 발전에 의존한다고 할 수 있네.

전자 현미경을 예로 들면, 전자 현미경의 원리는 당연히 전자를 발견한 물리학에서 출발했지만, 그 원리를 이용하여 해상도가 높은 전자 현미경을 설계하고 제품으로 만든 것은 공학이라네. 이런 전자 현미경 덕분에 과학의 많은 분야들, 특히 물리, 화학, 생물에서 물질의 매우 작은 구조까지 직접 눈으로 확인하면서 비약적인 발전을 이루게 된다네. 결국 과학과 공학은 서로의 발전을 돕는 상호 의존적인 관계라고 할 수 있다네.

그런데 과학이 공학보다 선행되어야 한다는 믿음은 과학이 공학보다 우아하고 수준 높은 학문이라는 잠재의식 때문이라고 생각하네. 물리, 화학, 수학, 생물학은 '순수학문'이라 부르고, 기계공학, 전기공학, 화학공학, 재료공학 등은 '응용학문'이라 분류하면서 '순수'라는 단어가 '응용'이라는 단어보다 더 고귀하고 품위 있어 보이는 측면이 있었네. 허나 순수학문의 실제적인 일을 살펴보면 대부분 관찰과 실험, 가정에 바탕을 두고 오랜 시간 자료들을 수집하는 인내가 필요한 단순 작업이라네. 따라서 다양한 학문의 분류에 따른 용어에 너무 빠져 해당 학문의 진정한 역할과 목표, 구체적인 일을 오해하는 일이 없어야 할 것이네.

한 가지 예를 들면, 내 전공은 '화학공학'이지만 화학공학의 어떤 분야에서는 물리와 수학이 화학보다 더 중요한 학문 영역이기도 하네. 결코 화학공학이 화학만을 의미하지는 않는다는 것이며 다른 공학 분야들도 크게 다르지 않을 것일세. 중요한 것은 편리성에 따른 학문 분류로 오래전에 형성된 이름보다는 구체적으로 기여하는 일에 대한 지식을 가져야 한다는 점이네. 그러니 이름표에 너무 현혹되지 말라는 말이네. 식당에서도 근사한 이름에 걸맞지 않은 식사를 하거나, 허름한 이름에 비하여 근사한 식사를 한 경험이 있는 것처럼 말일세.

여기서 좀 더 깊이 있게 학문의 분류에 대한 기원을 살펴보면, 학문의 분류는 영국의 경험주의 철학자 · 사상가 · 법률가인 베이컨에 의하여 이루어졌다네. 베이컨은 과학적 방법을 통하여 자연과학을 발전시키고자 유사 과학, 사이비 과학, 지나친 관념적 과학을 구별해내기 위해 학문을 과학적으로 분류했다네. 그의 책 『학문의 진보』[3]에서 밝혔듯이 베이컨은 점성술, 연금술, 마술을 교활한 목적이나 무지에서 오는 공상적 학문, 즉 사이비 과학으로 보았다네. 또한 쓸데없는 문제를 가지고 지나치게 파고든다거나 끈질기게 논쟁을 일삼는 논쟁적 학문을 지나친 관념적 과학으로 여겼으며 사실보다는 멋진 비유와 세련

---

3 학문의 진보, 베이컨, 이종구 옮김, 동서문화사, 2008

된 문장으로 그럴싸한 이론을 만드는 것을 현학적인 학문, 즉 유사 과학으로 보았다네. 그는 헛된 상상력(사이비 과학), 헛된 논쟁(관념적 과학), 우쭐대는 학문(유사 과학)을 가장 대표적인 무가치한 학문이라 했지. 그래서 그는 학문을 인간이 가진 지적 능력 구별에 따라 기억, 상상력, 이성이라 분류하였는데, 이것이 바로 역사, 시, 철학이라는 학문 분야로 자리잡게 된 것이네. 역사는 다시 자연의 역사와 인간의 역사로 나누었고, 인간의 역사는 다시 시민 역사, 학술 역사, 교회 역사로 나누었지. 시는 다시 서정시, 극시, 우화시로 나누었다네. 그리고 이성의 영역에는 자연의 철학과 인간의 철학이 있다고 보았다네. 자연의 철학은 자연학, 형이상학, 기계학으로 나누었고, 인간의 철학은 인문 철학과 자연 철학으로 나누었고 그 외에는 초자연적 신학 철학으로 분류하였다네.

사실 베이컨는 영국의 대법관을 지낸 철학자이자 정치가로 과학자는 아니었지만 과학적 방법론에 대한 통찰을 가지고 학문의 분류에 과학적 방법론을 제시했다네. 그는 "학문의 올바른 목표는 신으로부터 받은 이성을 성실하고, 진실하게 사용하여 인류에 유익함을 가져다주는 것이다"라고 말하며 과학적 연구는 철저한 경험적 토대 위에서 이성을 올바르게 사용해야 한다고 강조했다네. 여기서 그는 학문의 목표를 인류의 지식을 확장하고, 미지의 현상에 대한 원리를 밝히는 것이 아니라 '인류에 유익함'을 가져오는 것이라고 말했다네. 유익함은 실용성과 효율을 중시하는 공학의 정의와 매우 유사하다네. 따라서 인류에게 유익한 것을 가져온다는 관점에서 보면 공학의 중요성을 더욱 높이 평가한 것이네. 또한 베이컨과 같은 정치인도 과학과 공학에 크게 기여할 수 있다는 것을 보여주는 좋은 예라고 할 수 있을 것이네.

이제 자네는 유사한 것처럼 보이는 과학과 공학의 차이점을 잘 인식했을 것이고, 특히 자네가 앞으로 하고자 하는 공학에 대한 전체적인 모습을 잘 파악했을 것이네.

오늘의 첫 편지는 여기서 마치기로 하겠네. 내 이야기가 잘 전달되었는지 궁금하기도 하네. 자네가 내 편지를 손꼽아 기다리는 날들이 계속되기를 바라네.

답장 전체답장 전달 | 삭제 스팸차단 안읽음 | 이동 ▾ 더보기 ▾

☆ 두 번째 메일

공학의

이해

Send

답장 전체답장 전달 | 삭제 스팸차단 안읽음 | 이동 ▾ 더보기 ▾

☆ 공학을 잘 이해하기 위해서

2023. 3. 14. (화) 18:31

^ 보낸사람 한귀영
받는사람 H군

오늘 두 번째 메일에서는 공학에 대한 이야기를 하기 전에 우선 소설 한 편을 소개하고자 하네. 톨스토이의 소설 『부활』의 일부 내용이라네. 소설 첫 부분을 소개하지.

몇 십 만이나 되는 인간이 어느 조그마한 장소에 모여 엎치락뒤치락하며 자기네 땅을 보기 흉하게 만들려고 제 아무리 애를 써 보았자, 또 땅바닥에서 아무것도 자라지 못하도록 제 아무리 돌을 깔아보았자, 그 틈바구니에서 싹터 나오는 풀을 말끔하게 뽑아보았자, 석탄이나 석유의 연기로 아무리 그을려보았자, 또 나뭇가지를 자르고 새나 짐승

을 죄다 쫓아보았자, 도시에서의 봄도 역시 봄은 봄인 것이다.[4]

이제 봄이 오려고 하니 다시 오는 봄의 부활처럼 자네도 새롭게 발전된 모습으로 부활하고, 내가 몸담았던 공학 또한 새롭게 부활하기를 바라는 마음에서 소설 『부활』의 한 구절을 언급한 걸세. 공학자가 인문학을 가까이 해야 하는 이유는 나중에 다시 언급하겠지만, 틈틈이 인문학 책을 가까이 하면서 쉬는 시간을 가져야 하기 때문이네.

이제부터는 공학에 대한 이해를 좀 더 깊게 하기 위해서 열역학을 이야기해 보겠네. 열역학이라는 학문은 공학의 영역에 제격인 증기 기관이라는 엔진이 공학자인 제임스 와트에 의해 발명되고 나서 그것의 효율을 높이기 위한 목적으로 엔진의 특성을 이론적으로 탐색하는 과정 중에 독립된 학문으로 발전한 것이네. 따라서 열역학은 증기 기관이라는 공학적 산물이 없었다면 존재하기 어려운 학문이었지.

또한 열역학이라는 학문이 발전함에 따라 열역학에 대한 근본적인 물리 화학적 고찰이 더해지면서 또 다른 위대한 과학자인 기브스(Gibbs)에 의하여 열역학의 응용 범위가 엄청나게

---

4 부활, 톨스토이, 박형규 옮김, 민음사, 2003

확장되는데, 이것은 제임스 와트의 증기 기관이 열역학이라는 학문의 문을 열어주었기 때문이네. 그래서 증기 기관과 열역학의 관계는 공학이 과학보다 앞선 사례를 보여준 대표적인 예가 되는 것이지.

또 한 가지 예는 비행기인데 비행기는 작동 원리에 대한 완전한 설명이 나오기도 전에 설계되고 제작되고 가동될 수 있음을 보여준 고전적인 예라네. 자네도 잘 알다시피 라이트 형제는 날개와 프로펠러를 만드는 과정에서 다양한 설계와 곡률을 실험하면서 비행기에 적합한 형태를 찾아냈고, 항공 역학은 비행기가 이미 만들어진 후에 비행에 대한 분석이 필요해지기 시작하자 비로소 본격적인 연구가 시작된 것이네. 결국 비행기는 날개의 작동 원리에 대한 완전한 물리적, 수학적 설명이 나오기도 전에 이미 하늘을 날고 있었다는 뜻이네.[5]

이것이 의미하는 바는 과학에서 이론과 실험, 그리고 원리가 밝혀진 다음에 공학자들이 이것을 응용하여 우리에게 편리한 공학적 장치들을 만드는 것이 항상 일반적인 발전의 경로는 아니라는 것이라네. 이런 사실들은 종종 과학이 공학에 선행한다는, 또 공학보다 높은 수준의 학문이라는 편견을 깨는 예가 되는 것이라네.

---

5 공학을 생각한다, 헨리 페트로스키, 박중서 옮김, 반니, 2017

✉

이제부터 과학과 공학의 협력으로 인류에게 유익함을 선사한 가장 대표적인 예를 보면 과학과 공학의 차이를 좀 더 쉽게 이해할 수 있을 걸세. 공학과 과학의 가장 바람직한 합작품은 바로 '암모니아 합성'이라네. 내가 이 내용을 오랫동안 강의해 왔기에 암모니아 대량 생산에서 보여준 과학적, 공학적 노력에 대해 이해하는 데 큰 도움이 될 것이네. 또한 이것은 우리가 일반적으로 생각하는 연구의 단계적 발전 즉 기초 연구에서 응용연구 및 실용화로 나아가는 전 과정을 가장 잘 보여준 예이기도 하다네.

19세기 맬서스의 인구론 이후 인구는 기하급수적으로 증가하지만 식량은 산술적으로 증가하기 때문에 조만간 인류는 식량 부족이라는 엄청난 시련을 겪게 될 것이라는 예상이 지배적이었다네. 식량 증산을 위해서는 많은 양의 질소 비료가 필요한데, 질소 비료의 공급원인 질소 화합물은 칠레에서 생산되는 칠레 초석이 유일한 공급원이었다네. 그런데 인구 증가에 따른 엄청난 수요 증가로 공급은 늘 부족했지. 그래서 과학자들은 공기 중에 질소가 79% 정도 있으니, 공기 중의 질소를 질소 화합물로 바꾸기만 하면 그것으로 비료의 원료를 만들 수 있을 것이라고 생각했다네. 많은 연구 중에서 질소 산화물을 생성하는 아크 공법과 칼슘시안아마이드를 생성하는 시안아미드(cyanamide) 공법이 상업적으로 시도되었으나, 이는 경제성이 떨어지는 공정이었다네. 이에 따라 공중 질소의 고정이라는 어려운 과제의 새로운 공법이 연구되기 시작하였고, 수소와 질소로부터 암모니아를 합성하려는 시도는 1820년 초부터 시작되어 1890년에에 이르러 본격화되었다네.

독일의 화학자 하버(Fritz Haber)는 암모니아 합성에 가장 큰 업적을 남긴 사람으로 기억된다네. 1905년 그는 상압에서 암모니아, 수소, 질소 사이의 평형 위치에 관한 논문을 발표하면서 본격적으로 암모니아 합성 연구에 뛰어들었다네. 1908년 고압(30기압) 하에서의 암모니아 합성에 관한 연구 결과를 발표하면서 암모니아 합성이 공업적으로 가능하다는 생각을 갖게 되었으며, 그동안의 연구 결과를 세심히 분석한 후 암모니아 합성 공정이 경제성을 가지려면(즉, 암모니아의 합성 수율을 높이려면) 다음의 세 가지 조건을 만족해야 한다고 제안했다네.

우선 반응 압력이 가능한 한 높아야 하고, 우수한 합성 촉매가 필요하며, 미반응 기체는 다시 반응기로 리사이클되어야 한다는 것이었다네.

하버는 이런 계획을 가지고 1908년 BASF(바스프, 독일의 화학회사)를 방문하여 연구 지원 및 특허 계약을 맺었네. 하버는 촉매 개발을 계속했지만, 고압 문제는 그의 전문 분야가 아니었고, 고압, 고온 반응 조건에 회의적이었던 BASF는 고압 장치의 전문가인 독일의 공업 화학자 보슈(Carl Bosch)에게 자문을 구하게 되면서 자연스럽게 보슈가 암모니아 합성 공정 개발에 참여하게 된다네.

고온, 고압 장치의 자문에 대하여 보슈는 다음과 같이 답했다네. “나는 그게 될 것으로 믿는다. 나는 철강 산업의 능력을 충분히 알고 있다. 위험을 감수해야만 한다.” 당시 35세였던 보슈는 이미 일에 있어서 철저함과 창의성으로 명성을 얻고 있었지만, 공장 건설에 앞서 해결해야 할 골치 아픈 문제가 있었다네. 하나는 효과적인 촉매 개발이고, 둘째는 고온, 고압의 반응기 설계, 마지막으로 높은 순도의 수소와 질소를 대량으로 확보하는 방법이었다네.

마침내 보슈는 암모니아 대량 생산에 필요한 장치 설계, 반응 원료의 정제 및 생산, 그리고 반응 촉매 개발이라는 세 가지 중요한 공학적 문제를 해결한 인물이 되었네. 보슈도 하버처럼 자주 밤늦게까지 일을 하며 헌신적이었으며, 독립적인 사고와 신뢰성, 능동적 태도를 중시했다네.

첫 번째 촉매 발견은 철-알루미나-가성 칼륨의 조합이 최적의 촉매로 선정되었고 이 과정에서 20,000개 이상의 촉매들을 시험했네. 두 번째는 고압 장치였는데, 몇 번의 반응 용기 폭발로 어려움에 처했네. 그는 그 폭발된 반응기를 면밀히 살핀 결과 반응 수소에 의해 강철 벽이 약해져 고압을 견디지 못하고 폭발한다는 것을 알아냈다네. 원인은 알아냈지만 대안을 만들기는 매우 어려웠다네. 몇 날 며칠을 고민한 끝에 그는 구멍이 뚫린 바깥 강철 껍질과 연철 라이닝으로 구성된 새로운 구조의 반응기를 제작하여 기계적 강도를 유지하면서 수소의 공격을 막아낼 수 있었다네.

세 번째로 그는 수소의 가격이 경제성을 좌우한다는 것을 알아내고 대량의 수소를 높은 순도로 생산하는 공정을 연구하여 소위 말하는 수성 가스 공정을 개발했네. 즉 뜨거운 코크스 위로 스팀을 불어넣어 수소와 일산화탄소를 생성한 후 이 가스를 정제하여 순수한 수소를 얻어내는 것이라네.[6]

이 두 사람은 각각 과학자와 공학자의 특징을 잘 보여주는 전형적인 예가 된다네. 처음에 하버는 암모니아 합성이 불가능하다고 생각했으나 네스트 연구팀의 연구 결과에 자극을 받아 자신의 실험을 다시 검토하게 되었고, 그 실험 결과로부터 상업적 규모의 공정에 대한 모델을 제시했다는 점에서 암모니아 합성의 기초를 닦은 과학자라고 평가할 수 있지. 한편 보슈는 끈질긴 연구와 관찰, 협동심을 발휘하여 상업적 설비의 난관을 해결한 사람이라네. 그는 BASF에서 근무할 때도 실험실과 공작실에서 필요한 장치를 스스로 만들어서 해결했는데, 이 또한 전형적인 공학자의 모습이라고 할 수 있네. 그는 어린 시절 주물공장에서 일한 경험이 지식을 응용하는 공학자의 길을 걷는 데 도움이 되었다고 했네. 그는 라이프니치 대학에서 유기 화학을

6 노벨상 수상 강의록에서 발췌

전공했는데, 당시에는 화학공학과가 없어서 지금의 공업화학과 비슷한 전공을 한 셈이라고 볼 수 있네.

두 사람 모두 암모니아 합성의 공로로 노벨상을 수상했다네. 하버는 1919년에 촉매에 의한 암모니아 합성의 업적으로, 보슈는 1931년에 고압 기술 개발에 대한 기여로 노벨상을 받았다네.

하버는 모두가 불가능할 것이라고 했던 수소와 질소로부터 암모니아를 생성하는 연구를 인내심을 가지고 지속함으로써 암모니아 평형 상태를 밝혀냈고 상업화에 필요한 조건을 제시하였다네. 보슈는 특히 고압 용기 설계로 고생은 했지만 "몇 달을 이 문제와 씨름한 후, 밤사이에 두뇌가 잠재의식 속에서 마지막 상관관계를 마련했다는 것이 얼마나 놀라운 일인가"라고 말했다네. 이처럼 자신이 맡은 일에서 최선을 다하는 철두철미함, 인내력, 독립된 사고방식 등은 과학자와 공학자 모두에게 필요한 요소임에 틀림없다네.

우리 사회는 '처음, 최초'라는 단어에 열광한다네. 비록 그것이 대중에게 골고루 전파되어 많은 사람의 삶의 질을 향상시키는 데 도움이 되지 못한다 해도 말이네. 하지만 최초의 발명이라 할지라도 그 발명품이 가지고 있는 장점이나 지향하는 바가 많은 사람들에게 보급되지 못한다면, 이는 지식의 폭만 확장시켜 주는 학문적 가치로만 존재할 뿐, 실제적으로 인류에게 큰 도움이 되지는 못한다고 주장하고 싶네.

플레밍이 처음으로 페니실린을 발견하기는 했지만, 결코 대량 생산의 길을 제시하지는 못했고, 정제 기술도 알아내지 못했다네. 그러다가 제2차 세계대전 당시 부상당한 수백만 병사들의 패혈증 치료를 위해 페니실린 생산 방법을 고민하고 생산 공정을 설계하고 정제 기술을 개발해 마침내 대량 생산을 가능하게 만들어 수많은 생명을 구한 사람은 MIT 화학공학과 박사 출신인 여성 공학자 마거릿 허친슨이었다네.[7] 지금 그녀의 공을 기억하는 사람은 많지 않지. 하지만 발명가 못지않게 대량 생산의 길을 열어준 공학자 또한 처음 발명가와 동등한 대접과 명예를 가져야 한다고 생각하네. 어쩌면 그 일이 경우에 따라서는 더욱 가치가 있는 것일 수도 있기 때문이네. 우리 속담에도 '구슬이 서 말이라도 꿰어야 보배'라는 말이 있지 않은가?

공학과 과학의 차이에 대해서는 이 정도로 하고, 우리가 추구하는 공학에 대한 여러 사람들의 정의를 살펴보도록 하세.

미국 우스터 공과 대학의 경영학과 및 전기공학과 교수인

7 Applied Minds-How engineers think, Guru Madhavan, W. W. Norton& company, 2015(한국어판-『맨발의 엔지니어들』, 구루 마드하반, 유정식 옮김, 알에이치코리아, 2016-이 번역되었으나 이 책에서는 원서를 인용하였다.)

로드스트럼이 저술한 『새로운 사고의 엔지니어 성공학』에서는 공학을 '인간의 욕구를 더욱 만족스럽게 하기 위한 기술적 지식의 응용'이라고 정의하고 있다네.[8] 한편 영국 브리스톨 대학 토목과 교수인 데이비드 블로클리가 저술한 『공학(Engineering)』이라는 책에서는 '복잡하고 기술적인 문제 해결, 그로 인해 사회에 의미 있는 공헌을 하는 것'이거나 '아이디어를 현실로 구현하는 것', 또는 '어떤 분명한 목적을 수행하기 위하여 도구를 사용해 새로운 것을 창조하는 일' 등으로 다양하게 공학을 정의하고 있다네.[9]

앞서도 언급했지만 과학은 우리의 지식을 확장하여 아는 것이고 공학은 문제를 해결하거나 해결책을 실행하는 것이라고 말했네. 이것을 다르게 말하면, 과학은 '경고하는 것'이고, 공학은 '해결하는 것'이라고 할 수도 있네.[10]

한편 우리나라 국어사전을 보면 공학은 "공업에 이바지할 것을 목적으로 자연과학적 수법을 써서 신제품과 신기술을 연구하는 학문이다"라고 정의하고 있네. 이렇듯 공학에 대해 이런 저런 정의를 한 책들을 보면 모두 일면 합당하다는 생각이 든다

---

8 새로운 사고의 엔지니어 성공학, 로드스트럼, 한귀영 옮김, 글사랑, 1994

9 Engineering, A very short introduction, David Blockley, Oxford University Press, 2012

10 공학을 생각한다, 헨리 페트로스키, 박중서 옮김, 반니, 2017

네. 자연 속의 한 가지 풍경에 대해서도 사람들의 느낌이 다 다르듯, 공학에 대해서도 다른 정의는 얼마든지 가능하다는 뜻이네. 이쯤에서 우리도 몇 가지 핵심적인 용어를 바탕으로 자기 나름대로 정의를 해 보는 것도 바람직하다고 할 수 있겠네. 다시 말해서 응용, 문제 해결, 창조, 도구 등의 핵심 단어로 공학에 대해 자신만의 정의를 확립할 수 있다면 공학도로서의 길을 보다 잘 설계할 수 있게 될 것이라고 생각하네. 이제 자신만의 공학에 대한 정의를 마음속에 잘 담아두고, 자신이 하는 일이 자신이 정의한 공학과 잘 부합하는지 종종 되돌아보는 습관을 갖는 것이 필요하다고 충고하고 싶네. 앞선 정의들을 좀 더 서술적으로 요약하면 다음으로 정리할 수 있네.

❶ 공학은 삶의 질을 높이는 일이다.
❷ 공학은 기술에 기반한다.
❸ 공학은 눈에 보이지 않는 부분이 많다.
❹ 공학자는 혼자 일하지 않는다.
❺ 공학은 지식과 경험에 의존한다.
❻ 공학은 과학적 탐구가 아니다.

이제부터는 각 문장들을 하나씩 살펴보기로 하세. 먼저 '공학은 삶의 질을 높이는 일'이라고 했네.

• **공학은 삶의 질을 높이는 일이다**

공학은 어떻게 인류의 삶의 질을 향상시켜 왔나? 사람들은 일반적으로 순수하다거나 자연스럽다는 단어에 대해서는 괜스레 고급스럽고 우아하다고 생각하는 반면, 인공적이거나 가공적이라는 단어에 대해서는 조잡하고 격이 떨어진다고 생각한다네. 하지만 실제 우리 삶의 질은 바로 인공적이고 가공적인 제품들에 많이 의존하고 있지. 과거에는 아기 기저귀는 모두 면으로 천기저귀를 만들어서 사용 후에 빨아서 삶고 말려서 재사용했지만, 합성 섬유로 만들어진 일회용 기저귀는 양육자의 이런 수고를 크게 줄여주었지. 이로부터 절약된 시간은 자신의 일이나 다른 가정 일에 쓸 수 있게 되었다네.

두말할 것도 없이, 세탁기와 냉장고가 매일의 잡다하고 반복적이고 힘든 가사노동으로부터 주부들을 해방시켜 주었고(손빨래하는 시간, 장 보는 시간), 여성들이 자신의 경력을 발전시키고, 성장하는 데 어느 정도 기여했다는 것은 너무도 자명한 일 아닌가?

1990년대 중반 미국 국립 공학 아카데미에서는 이 시대 최고의 공학적 업적 20가지를 선정하였다네. '우리 삶을 변화시킨 20가지 공학적 업적'이라는 목록을 보면 최근 발명된 핸드폰이 빠져 있기는 하지만, 전력 보급, 자동차, 비행기, 수돗물, 전자공학, 라디오와 텔레비전, 농업의 기계화, 컴퓨터, 전화망, 냉방과 냉장, 고속도로, 우주선, 인터넷, 의학용 영상기술, 가정용 기구,

보건기술, 석유와 석유화학 기술, 레이저와 광학 섬유, 핵 기술, 고성능 재료 등이 있다네. 이는 우리가 얼마나 공학에 커다란 빚을 지고 있는지 다시금 알게 해주는 사실이라네.[11]

• 공학은 기술에 기반한다

두 번째로 '공학은 기술에 기반한다'는 내용을 살펴보세.

앞서도 이야기했듯이, 공학은 과학에 의존하고 있네. 다시 말하면 과학적 발견으로 알게 된 사실들을 기초로 공학이 발전된다는 점이네. 그래서 우리는 물리, 화학, 생물과 같은 기초 분야에서 새로운 지식의 발견에 항상 주목해야 하네. 그런 새로운 지식을 이해하지 못하면 결코 공학은 발전할 수 없다는 점을 기억해야 하네. 다만 최근 들어 기술적 진보의 발전 속도가 너무 빠르다 보니, 자신의 전공에 필요한 전문 지식의 양도 많아지고, 당연히 이를 습득하는 데도 많은 시간이 필요하다는 점이 공학자들을 괴롭히는 상황이라고 할 수 있네.

그럼에도 불구하고, 공학의 기반이 되는 기초과학 지식을 이해하는 것은 필수불가결한 일이네. 그래서 공과 대학에 입학하면 2년간은 주로 과학에 관련된 과목들로 수학, 물리, 화학, 생물을 배워야만 한다네. 특히 수학과 물리는 힘겹고 지루한 문

---

11 앞의 책

제 풀이 과정이 포함되어 있어 학과 수업에 흥미를 잃게 하는 단계가 되기도 한다네. 이런 부담스러운 교육 과정은 어떤 방식으로든 개선이 필요하다고 생각하네. 아마도 공과 대학의 교육 과정에 대해서는 따로 논의가 필요할 걸세. 과학 과목이 공과 대학의 기초를 구성하는 것은 피할 수 없지만 공대생들의 흥미를 잃지 않는 선에서 다양한 설계 과목이 포함되었으면 하는 것이 나의 바람이네.

• 공학은 눈에 보이지 않는 부분이 많다

세 번째로 '공학은 눈에 보이지 않는 부분이 많다'는 내용에 대하여 알아보세.

공학이 만든 생산물의 대부분은 사람들의 눈에 띄지 않는 곳에 설계의 진수가 있다고 할 수 있네. 특히 다리, 도로, 항만, 공항, 통신 시스템 같은 사회의 간접 인프라와 여러 종류의 기계 설비들은 외관상 보이는 것보다 내부에 많은 공학적 요소들이 숨겨져 있다네. 그래서 일반인들은 공학의 놀라운 성취를 눈으로 직접 보기가 어렵다네. 게다가 무슨 사고가 나면 부실시공, 부실 설계가 항상 문제점으로 떠오르곤 하니 공학에 대한 일반인들의 인식이 그다지 좋다고 할 수는 없는 게 현실이라네.

반면 변호사와 의사는 직업적 노력이 종종 대중 매체에서 감동적으로 일반인에게 전달되기 때문에 그 직업적 위상은 높아질 수밖에 없다네. 따라서 공학의 위상을 높이고 공학이 정당한 평가를 받기 위해서는 일반 대중에게 공학의 가치를 알리는 데 더 많은 노력을 해야 한다고 생각하네. 그리고 일상 속의 공학의 모습을 강연이나 홍보 등 여러 매체를 통해 보다 적극적으로 알릴 필요가 있네. 공학자들 또한 자신의 일에 자부심을 갖고, 이 일의 공공성을 적극적으로 알리도록 노력해야만 공학자들이 노력에 걸맞은 사회적 보답을 받게 된다는 말일세. 그것이야말로 공정한 일이라고 생각하네.

• 공학자는 혼자 일하지 않는다

네 번째로 '공학자는 혼자 일하지 않는다'는 내용을 살펴보세.

수학자와 화학자 또는 이론 물리학자들은 대부분 혼자서 한두 가지 문제로 평생 씨름하기 때문에 혼자서 일하는 데 익숙한 편이네. 하지만 공학은 기본적으로 다양한 분야의 전공을 필요로 하는 복합적인 일을 수행하는 것으로, 특히 이론이나 시뮬레이션이 아닌 실제적인 해결 방안이나 생산물을 도출해야 하기 때문에 여러 분야의 사람들이 필요하다네. 즉, 구매, 회계에서 도면, 자료 분석, 설계와 제작, 최종 검증까지 많은 과정이 필요하게 되고, 그에 따라 다양한 전공의 팀원들이 함께 일해야만 하네. 그래서 대부분의 공학적 일은 '프로젝트'라는 명칭으로 수행되며, 하나의 프로젝트가 완결되면 팀은 해산되고 팀원들은 각기 다른 프로젝트에서 새로운 활동을 시작하게 된다네.

프로젝트와 관련된 상세한 내용은 나중에 다시 설명하기로 하세. 따라서 공학 조직에서는 다양한 사람들과의 협동과 협력을 효율적으로 이끌어내야 하네. 그 바탕에는 인간관계라고 하는 중요한 사회적 관계를 이해하는 것이 반드시 필요하다는 점을 기억해두기 바라네.

• 공학은 지식과 경험에 의존한다

다섯 번째로 '공학은 지식과 경험에 의존한다'는 내용이네.

앞서 공학은 과학에 의존했다고 했지만, 실제 공학적 일을 수행하다 보면, 교과서에 나오는 과학적 이론들이 항상 잘 적용되지는 않는다는 것을 깨닫게 된다네. 실제로 자연은 예측할 수 없는 많은 변수들을 가지고 있기 때문에, 과학적 이론에서 사용하는 가정들이 적용될 수 없는 경우가 종종 발생하게 되지. 그래서 과학적 이론은 공학적 일을 수행함에 있어서 기본적인 근거는 되지만 이론에만 의존할 수 없는 경우가 많이 생기기 때문에 과거의 경험에서 배워야 하네. 특히 실패의 경험이야말로 같은 실수를 범하지 않게 해주는 좋은 참고서라 할 수 있다네. 특히 우리의 관심을 끄는 공학적 대상물들은 자연 속에 존재하고 있으며, 자연의 다양한 요인들(바람, 비, 습도, 눈, 온도 등)은 과학에서 흔히 사용하는 수학적, 물리적 모델을 좌우하는 변수에 완전하게 포함시킬 수 없기 때문에 이론적 예측과는 다른 결과가 나오기 쉽다네. 그래서 여러 가지 자연적 요인은 과거의 경험을 바탕으로 조심스럽게 변수들을 고려해야만 하고, 이런 자연의 영향을 완벽하게 예측하여 완벽한 결과를 도출하는 것은 현재의 기술 수준에서는 어려운 부분이라네. 우리가 흔히 말하는 천재지변에 의한 피해는 아직은 인간이 조절할 수 있는 영역이 아니라는 점을 이해하기 바라네.

• 공학은 과학적 탐구가 아니다

마지막으로 '공학은 과학적 탐구가 아니다'는 점을 이야기해 보세. 역사학자나 인류학자는 인간의 역사를 석기 시대, 청동기 시대, 철기 시대, 실리콘 시대로 나누었는데, 이것은 공학자가 구분한 것과는 다르다네. 이런 시대적 구분은 많은 사람들이 동의하는 사실이기도 하다네. 돌, 청동, 철, 실리콘 모두 공학자들의 작업 소재들인데, 공학자들은 도구를 이용하여 이것들을 인류에게 도움이 되는 것으로 바꾸어 주는 사람들이라네. 그래서 인류의 역사는 '공학자들이 만든 장난감의 변천사'라고 할 수 있지. 이렇게 인류는 자연의 탐구 이전에 무엇인가를 만들고, 개량하고, 응용해 왔다네. 이렇게 보면, 공학은 과학보다 더 오래된 직업이라고 할 수 있지.

고대 로마는 도시의 대표적인 사회 인프라라고 할 수 있는 수로, 교량, 댐, 도로, 공중목욕탕, 콜로세움 등을 매우 정확한 과학적 원리를 사용하여 정교한 공학적 기술로 건설한 최초의 국가라고 할 수 있네. 이런 의미에서 대부분의 사람들이 진정한 공학의 시작은 고대 로마 시대부터라고 인정하고 있다네. 그리고 로마 문명은 2,000년이 지난 지금까지도 그 유물을 볼 수 있을 정도로 진보적이고 탁월한 공학적 업적을 이룩했다네.

특히 목욕탕, 상수도, 교량, 콜로세움 같은 공공의 이익을 위한 대중적인 인프라를 건설하면서 공학의 목적인 '대중의 삶의 질 향상을 위한 기술 사용'에 매우 부합되는 일을 성취했다는 점은 높이 평가받을 만하네. 또한 '모든 길은 로마로 통한다'는 말이 있듯이 로마의 도로는 그야말로 공학적 성취의 대표적인 본보기라고 할 수 있네. 로마의 도로는 사람들의 이동, 통신 및 무역 물품의 운송을 위한 용도였으며, 이 도로는 다섯 층으로 이루어졌다네. 맨 밑바닥 층은 모르타르, 두 번째 층은 석재, 세 번째 층은 시멘트, 네 번째 층은 규조토, 마지막 맨 위층은 매끄러운 돌로 이루어졌다네. 이렇게 완벽한 도로를 건설했기 때문에 현재까지도 사용되는 도로가 남아있을 정도라고 하니, 로마인들의 높은 공학적 수준을 알 수 있는 좋은 본보기가 아닐 수 없네.

하지만 우리가 지금 이야기하는 본격적인 공학자의 시작은 산업 혁명 이후, 기술의 발전에 따른 전문적인 기술자의 수요가 증가하면서 출발한 것이네. 즉 실무적 기술을 담당하는 기술자와 이론적 기술을 체계적으로 습득한 공학자가 생겨나면서 기술 학교와 공과 대학이 만들어졌네. 그래서 근대적 의미의 공학자 또는 엔지니어는 영국, 프랑스, 독일, 미국에서 시작되었다고 할 수 있네.

혹시 기술 장인과 공학자를 혼동할까 봐 설명해 보면, 공학자는 일반적으로 과학적 원리에 의존하는 반면 장인은 온전히 경험에 의존한다고 설명할 수 있네. 예를 들면 증기 기관을 발명한 제임스 와트는 공학자보다는 기술 장인이라고 보는 편이 적절하다는 뜻이네. 이렇듯 기술자와 공학자는 그들이 추구하는 목표와 직업적 기초가 다르다는 것이네. 이제 공학자가 어떤 일을 하는 사람인지 좀 더 확실하게 이해했을 것이네.

이제부터는 앞서 언급한 각 나라 엔지니어의 특성을 살펴보도록 하세. 영국은 산업 혁명의 발생지이지만 주로 생산 현장에서 익힌 기술을 토대로 자수성가한 공학자들이 대부분이었고, 프랑스에서는 과학과 전통적인 장인 기술에 비해 공학을 단지 과학을 응용하는 하위 분야로 보았다네. 한편 독일은 공학자를 국가의 핵심이 되는 기술 관료로 보았지. 그리하여 독일 폴리텍 대학에서 배출한 공학자들은 주로 기술 관료로 진출하였고, 민간 기업에 진출하는 공학자는 소수였다네. 하지만 독일 기업의 성장으로 전기공학과 화학공학은 비약적인 발전을 이룩한다네. 이렇듯 유럽의 공학 발전사는 그들의 문화만큼 다양하다네.

한편 미국의 엔지니어 교육은 1823년 미국 뉴욕주 트로이에 세워진 렌셀러 폴리테크닉 대학에서 출발했다고 할 수 있네. 이 학교는 "과학을 응용하여 삶의 공동 목표에 헌신하는 사람들을 가르치기 위해" 설립되었지. 1835년에는 4명의 토목 기사 학사를 배출했고, 그 뒤를 이어 1845년 유니언 대학과 1847년 미시간 대학에서 토목공학 과정이 개설되었고, 1861년에는 매사추세츠주 의회가 MIT 개원을 승인하게 되었네. 그리하여 20세기 전반기에 공학은 만인을 위한 부와 편리함이라는 약속을 지키게 되는 여정을 본격적으로 시작하게 된다네.

그 이후로 공학이 인류의 문명 발전에 기여한 무수히 많은 업적과 성취는 자네도 어느 정도 알고 있는 내용일 걸세. 아무튼 공학이 가지는 이런 고유한 특성을 이해하면, 자네가 앞으로 어떤 종류의 공학 일을 하든지 많은 도움이 될 걸세.

오늘은 이만 여기서 마치기로 하세. 다음 편지에서 또 만나세.

A Send

답장 전체답장 전달 | 삭제 스팸차단 안읽음 | 이동 ▾ 더보기 ▾

☆ 세 번째 메일

공학적
사고

답장 전체답장 전달 | 삭제 스팸차단 안읽음 | 이동 ▾ 더보기 ▾

☆ 공학적 사고 알아보기

2023. 4. 21. (금) 11:20

︿ 보낸사람 한귀영
받는사람 H군

이제 4월이 되었으니, 4월에 어울리는 인문학 책 소개로 시작하겠네.

오늘 자네에게 소개할 책은 시집이네. 미국계 영국 시인 엘리엇이 쓴 「황무지」라네. 그는 이 시로 노벨 문학상을 받았지.

4월은 가장 잔인한 달,
죽은 땅에서 라일락을 키워내고
추억과 욕정이 뒤섞고
잠든 뿌리를 봄비로 깨운다.
겨울은 오히려 따듯했다.

잘 잊게 해 주는 눈으로 대지를 덮고
마른 구근으로 약간의 목숨을 대어 주었다.[12]

이 시에서는 자연의 위대한 힘과 생명력이 느껴지네. 자네 같이 젊은 사람들은 이 시의 새싹처럼 자신을 누르는 외부의 압력을 이겨내고 세상 밖으로 나와야 하네. 라일락을 키우기 위해 죽은 땅을 일구는 모습은 마치 우리가 새로운 공학을 위해 발돋움을 하고, 젊은 공학자가 처음으로 자신의 직업을 시작하는 열정을 보여주는 것 같은 강렬한 인상을 남기는 시라고 생각하네. 그래서 나는 4월이 되면 늘 한 번씩 이 시를 다시 읽어보며 내용을 음미해 보곤 한다네. 시는 다양한 것을 상상하게 만드는 힘이 있고, 상징만으로도 많은 것들을 연상하게 하지. 종종 시도 읽어가면서 자신의 상상력을 넓혀 나가기를 바라네.

오늘의 주제는 '공학적 사고'라는 내용인데, 결론적으로 말하면 공학에서 가장 중요한 부분이라고 할 수 있다네. 여기서 소개하는 공학적 사고의 예는 내가 읽은 책 『Applied Minds』[13]

---

12 황무지, T.S. 엘리엇, 민음사, 황동규 옮김, 1996

13 Applied Minds-How engineers think, Guru Madhavan, W. W. Norton& company, 2015

에서 대부분 발췌한 내용이라네. 나는 이 책을 통해서 막연하게 생각했던 공학적 사고의 핵심 요인을 이해할 수 있었다네. 그래서 내 경험을 바탕으로 이 내용을 자네에게 소개하고 싶었네. 만일 더 깊은 내용을 얻고자 한다면, 앞서 소개한 원서를 읽어 보기 바라네.

《새》,《다이얼 M을 돌려라》,《현기증》,《북북서로 진로를 돌려라》,《싸이코》 등은 모두 위대한 영화감독 앨프리드 히치콕의 작품이라네. 서스펜스의 대가, 스릴러 영화의 거장이라고 불리는 그는 놀랍게도 엔지니어 출신이라네. 그는 영국의 성 이그나티우스 대학에서 전기공학을 전공했고, 전선 제작 회사에서 기능공으로 일했다네. 그 후 영화사에 들어가 작가 및 미술 감독으로 일하다 영화감독이 되었지. 그가 위대한 감독으로 칭송받는 이유는 그의 실험적 시도가 현대 영화 기법에 새로운 방법을 제시했기 때문이라네. 그는 새로운 촬영 기법과 편집 기술, 새로운 음향 효과를 통해 당시로서는 혁신적인 영화를 만들었지.

『Applied Minds』에서 미국 국립과학원 자문위원, 생의학 공학자인 저자 구루 마드하반은 히치콕 감독의 영화 제작 작업이야말로 공학의 핵심 요소(구조, 제약 조건, trade-off)와 기본 개념들(재조합, 최적화, 효율, 시작품 만들기)이 모두 집약되어 있다고 말하고 있네.

위에 언급된 영화를 보지 않은 사람들은 다양한 채널(유튜브, 넥플리스 등)을 통해 한 번쯤 보기 바라네. 대부분 공포 영화의 새로운 신기원을 이룬 작품들이라네. 단 1950년대와 1960년대에 만들어진 영화임을 고려하며 보아야 할 걸세. 당시의 기술적 한계 내에서 어떤 방식으로 관객에게 공포를 전달했는지 한번 느껴 보게나.

이제 히치콕 감독이 영화에서 보여준 공학적 사고를 구성하는 공학적 요소들이란 무엇인지 자세히 살펴보기로 하세.

✉

먼저 공학적 사고란 무엇일까?

구루 마드하반은 공학적 사고의 핵심은 모듈식 시스템 사고(modular system thinking)라고 주장했다네. 그것은 재능이 아니라 기술과 원리의 혼합이라는 거지. 따라서 그것은 모든 것이 서로 연결되어 있음을 이해하는 것을 의미한다네. 이런 모듈식 시스템 사고의 활용은 분할(큰 시스템을 여러 개의 모듈로 구분하는 것)과 조립(각 모듈을 원래대로 조합하는 것)을 실용적으로 적절히 배합하는 것이네. 즉 모듈이 어떻게 작동하는지, 왜 작동하지 않는지, 그리고 모듈이 어떤 경우에 작동할 수 있는지를 규명하고, 여기서 얻은 지식을 응용하여 유용한 결과물을 만드는 데 있다네.

모듈적 시스템 사고는 상황에 따라 다양한 양상을 보이기 때문에 범용적인 방법은 없다네. 두바이의 초고층 빌딩을 건설하는 일과 컴퓨터 프로그램을 개발하는 일은 다르다네. 월드컵

공인구의 통풍 실험을 실시할 때와 미사일을 요격할 수 있는 미사일을 개발할 때도 각기 다른 방법으로 공학 작업이 이루어진다는 것이네. 항공기 엔진을 개발하는 것과 항공 교통망처럼 '시스템의 시스템'을 구축하는 것은 또 다른 차원의 이야기라네.

공학적 사고를 구성하는 요소를 정확하게 정의하기는 어렵네. 하지만 공학적 사고에 대한 다양한 견해를 바탕으로 한 위대한 공학적 발명품의 개발 과정을 살펴봄으로써 우리는 공학적 사고에 대하여 좀 더 구체적으로 이해할 수 있을 것이네.

전 인텔 회장 크레이그 배럿은 "공학적 사고는 철저하고 체계적인 문제 해결 능력이다"라고 말했고, 스탠포드 공대 학장이었던 짐 플리머는 "엔지니어들은 다양한 종류의 지식을 한데 모아 하나의 아이디어로 결합하는 통합자들이다"라고 말했다네. 또한 "공학자들은 실현 가능성, 성공 가능성, 그리고 바람직한 가치가 교차하는 길목에서 일한다"라고 했다네. 한편 미국 CIA 과학 기술 부국장이었던 루스 데이비드는 공학을 이렇게 정의하고 있네.

> 공학은 문제를 다른 방식으로 보는 능력이다. 부분과 부분의 상호의존성을 이해할 뿐 아니라 진정으로 전체를 이해하는 능력이다. 이것이 바로 공학적 사고가 사회의 많은 부분에 적용될 수 있고, 개인과 집단 모두에게 효과적일 수 있는 이유다.

✉

자, 이제 공학의 핵심 요소와 기본 개념은 무엇인지에 대해 살펴보기로 하세. 우선 공학의 핵심 요소는 세 가지 특성을 가진다네. 바로 '구조'를 인식하고, '제약 조건'을 감안하고, '절충점'을 찾는 것이라네.

첫 번째는 아무것도 없는 것처럼 보이는 것에서 어떤 것의 '구조'를 보는 능력이네. 예를 들면 외부에서 단순하게 직사각형으로 지어진 고층 건물의 유체 역학, 구조 역학, 고체 역학과 같은 공학적 구조를 인식하는 것이라고 할 수 있네. 유능한 엔지니어는 규칙, 모델, 직감을 조합하여 구조를 시각화하고 형태를 만든다네. 이렇듯 공학적 사고는 빙산의 수면 아래 잠겨 있는 부분에 관한 것이네.

구조화된 시스템의 사고 과정은 시스템의 각 요소가 논리적으로, 시간적으로, 순서적으로, 기능적으로 어떻게 연계되는지를 고려하는 것이라네. 아울러 어떤 조건에서 그것들이 작동하는지 작동하지 않는지도 고려해야 하지. 역사학자들은 이런 종류의 구조적 논리를 어떤 역사적 사건이 발생한 몇십 년 뒤에 적용하지만, 엔지니어는 자세한 내용을 가지고 있든지 대략적인 추론을 가지고 있든지 간에 즉시 이런 구조적 사고를 해내야 한다네. 이것이 바로 엔지니어들이 모델을 세워야 하는 이유라네. 그래서 그들은 실제에 기반을 둔 구조물과 소통할 수 있는 것이네. 구조를 그린다는 것은 어떤 구조가 가치 있는지를 판별

할 수 있는 지혜를 가지고 있느냐 없느냐의 문제라네. 구조적 접근 방식은 잘 규정된 목적과 고객을 위한 체크리스트 같은 기본 틀을 사용하는 것이네.

- 당신이 하고자 하는 것은 무엇인가?
- 만일 오늘 프로젝트가 완료되었다면, 현재 상황에서 한계는 무엇인가?
- 당신의 접근 방식에서 새로운 것은 무엇인가?
- 누가 이 일에 관심이 있는가? 어떤 차별성이 얻어지는가?
- 이 프로젝트의 위험성은 무엇이고, 이로부터 얻어지는 보상은 무엇인가?
- 이 프로젝트에 얼마의 비용이 들어가는가? 시간은 얼마나 걸리나?
- 이 프로젝트의 성공을 위하여 중간 단계와 최종 단계에서 살펴보아야 할 것은 무엇인가?

이런 종류의 구조는 논리적인 방식으로 올바른 질문을 하는 데 도움을 준다네.

✉

두 번째 핵심 요소는 '제약 조건' 아래서 능숙하게 설계하는 능력이라네. 모든 현실 세계는 우리의 수행 능력을 분산시키는 제약 조건이 있게 마련이네.

타고난 공학의 실제적 본성을 보면, 그 제약 조건이 가하는 압력은 다른 직업과는 비교할 수 없을 정도네. 자연적이든 인위적이든 제약 조건들은 공학자가 모든 현상을 완전히 이해하고 설명할 수 있을 때까지 기다려주지 않는다네. 그래서 공학자는 주어진 조건에서 가능한 한 최대의 결과를 내야만 한다네. 비록 제약 조건이 없는 상황에서도, 훌륭한 공학자는 자신의 목적을 달성하는 데 도움이 되는 제약 조건을 활용하는 법도 잘 알고 있지. 시간이라는 제약 조건은 종종 공학자의 창조성과 새로운 아이디어의 원천이 되기도 하네. 비용과 자연법칙에 연관된 깐깐한 물리적 제약 조건은 일상적인 제약 조건이 되며, 또 다른 일반적인 제약 조건은 바로 예측하기 힘든 사람들의 행동이라네.

"만일 애플의 맥킨토시 컴퓨터의 운영 시스템이나 마이크로소프트사의 윈도우 운영 체계의 새로운 버전이 처음 버전과 상관없이 완전히 새롭게 시작되었다면, 개인용 컴퓨터의 발전은 일찌감치 멈추었을 것이다"라고 미국 MIT의 올리비에 드 웩(Olivier de Weck) 교수는 지적했다네.

공학자는 자신의 소프트웨어 제품을 소비자의 의견과 상업적 필요에 의하여 점진적으로 발전시켜 나간다네. "처음에 쉬워 보이는 제품에 대한 변화는 필연적으로 다른 변화를 유도한다. 이를 통하여 좀 더 많은 제품의 변화를 가져온다. 당신은 과거 방식을 유지하면서도 새로운 것을 창조하는 방식을 찾아내야 한다." 이렇듯 변화에 대한 압력은 끝이 없다네.

공학적 사고방식의 세 번째 속성은 균형점 찾기를 유지하는 것이네. 여기서 '균형점'이란 자신의 해결책과 다른 대안 간의 차이를 심사숙고해 판단하는 능력이네. 즉 어떤 것을 얻으려면 다른 것은 희생해야 하는 경제 관계를 말한다네.

공학자는 설계 우선순위를 정하고 강점보다는 약점에 자원을 배분한다네. 예를 들면 전형적인 비행기 설계의 균형점 찾기는 비용, 무게, 날개폭, 화장실 크기 등과 같은 요구 사항과 주어진 비행기의 성능에 대한 상세 내용의 제약 조건들 간의 균형을 의미한다네. 이런 경우 균형의 선택은 승객들이 어떤 형태의 비행기를 선호하는지에 대한 질문을 통하여 차츰 해결책에 이르게 된다네. 만일 제약 조건들이 외줄 타기 곡예와 유사하다면, 이때 균형점 찾기는 무엇이 허용되는지, 무엇이 가능한지, 무엇이 바람직한지, 한계는 무엇인지에 대한 것들 사이의 힘겨루기가 될 것이네.

과학이나 철학, 종교가 진리를 추구하는 일이라면 공학은 제약 조건 하에서 유용성을 생산하는 일이라네. 구조, 제약 조건, 균형점 찾기는 공학적 사고의 원-투-쓰리 펀치라고 할 수 있지.

일단 오늘 편지는 여기서 마치도록 하겠네. 너무 긴 편지는 집중력을 떨어뜨리니 공학적 사고의 기본 개념에 대해서는 다음에 좀 더 자세히 예를 들면서 이야기를 하겠네.

이제 봄이 왔으니 자연에서 볼 수 있는 활력과 생동감을 느끼면서 우리 삶도 생동감 있게 살아보도록 하세.

그럼 이만 줄이네.

답장 전체답장 전달 | 삭제 스팸차단 안읽음 | 이동 ▾ 더보기 ▾

☆ 네 번째 메일

공학의 기본 개념

답장 전체답장 전달 | 삭제 스팸차단 안읽음 | 이동 ▾ 더보기 ▾

☆ 공학의 기본 개념 파악하기

2023. 5. 15. (월) 14:15

보낸사람 한귀영
받는사람 H군

오늘이 네 번째 편지가 되는군. 지난번에는 공학적 사고의 핵심 요소에 대하여 이야기했고, 이번에는 공학적 사고의 기본 개념에 대하여 이야기하고자 하네.

오늘도 주제에 관련된 책을 한 권 소개하겠네. 이번 책은 우리에게 잘 알려진 데카르트의 『방법서설』이네.[14] 이 책은 데카르트가 1636년에 쓴 책으로 원래 제목은 '이성을 잘 인도하고 학문에 있어 진리를 탐구하기 위한 방법서설'로 다소 길지.

---

14 방법서설·성찰 데카르트 연구, 데카르트, 최명관 옮김, 창, 2010

책의 제목에서 알 수 있듯이, 이 책의 주제는 이성과 진리라네. 즉 이성을 활용하여 진리를 찾고자 하는 방법을 논한 책이네. 그렇기 때문에 과학이나 공학을 전공하는 사람들에게는 필독서라고 할 수 있네. 철학은 인문학의 위대한 보고이면서 아울러 과학과 공학에도 매우 유용한 학문이네. 여기서 데카르트는 이원론, 즉 물질과 정신의 분리를 주장했고, 이것은 유럽에서 과학 혁명을 가능하게 하는 '기계적 세계관'의 사상적 토대가 되었네. 뉴턴이 발견한 '운동의 법칙'에도 지대한 영향을 주었다고 알려져 있네.

공학적 사고와 관련된 책의 내용을 살펴보면, 데카르트는 "한 가지 문제에 관해서는 참된 의견이 하나 이상 있을 수 없을 터인데, 실제로는 많은 의견이 있어서 나는 참되어 보이기만 하는 모든 것은 거짓에 가까운 것이라 여겼다"고 주장했네. 이 문장에서 그의 '의심하는 이성'이 나온 것이네. 이에 따라 그의 유명한 방법론 4단계가 제시된다네.

> 내 정신으로 가능한 모든 것의 인식에 도달하는 참된 방법을 찾아보려 하였다.
>
> ❶ 내가 명증적으로 참되다고 안 것 이외에는 어떤 것도 참으로 받아들이지 않을 것.
>
> ❷ 내가 검토할 난제를 될 수 있는 대로 가장 잘 해결하기에 필요한 적은 부분으로 나눌 것.

❸ 가장 단순하고 알기 쉬운 것부터 시작하여 계단을 올라가듯 조금씩 위로 올라가 가장 복잡한 것들에 대한 인식에 이를 것.

❹ 하나도 빠트리지 않았다고 확신할 수 있을 정도로 완전한 열거와 전체에 걸친 통합적 시각을 어디서나 행할 것.

위에 언급된 데카르트의 방법론인 4가지 규칙은 과학과 공학 연구자에게도 완벽하게 들어맞는 규칙이라는 점은 틀림없네. 그는 이 방법론을 더욱 확장시킨다네.

> 나는 이 방법을 사용함으로써 내 정신이 대상을 차츰 더 분명하고 더 판명하게 생각하는 습관을 가지게 됨을 느꼈으며, 다른 학문의 여러 난제에도 똑같이 유용하게 적용할 것을 기약하였다.

즉 진리를 찾기 위한 합리적인 규칙은 우리가 겪는 모든 문제에서 적용이 가능하다는 말일세. 마지막으로 우리에게 잘 알려진 그의 명제를 옮겨보겠네.

> "나는 생각한다. 그러므로 나는 존재한다"라는 이 진리는 아주 확고하고 확실하여 주저 없이 이것을 내가 찾고 있던

철학의 제 1원리로 받아들였다.

1636년에 이미 과학적, 공학적 사고의 사상적 토대가 되는 철학적 방법론이 제시된 것이네. 뒤에 다시 언급하겠지만, 공학자들이 인문학을 공부해야 하는 이유가 또 하나 생긴 것이네.

이제 본론으로 들어가서 공학적 사고의 기본 개념을 살펴보도록 하세. 공학적 사고의 기본 개념은 크게 '짜 맞추기', '최적화', '효율과 신뢰성', '표준화', '시작품 제작'으로 나누어 볼 수 있네.

• 짜 맞추기

1732년 프랑스 육군 중장 장 플로랑 드 발리에르는 루이 15세의 명을 받아 새로운 대포 시스템을 설계했네. 길고 두툼한 24인치 대포는 사정거리가 길고, 아름다운 장식까지 더해 위엄이 있었다네. 하지만 이 대포는 고정된 목표물에는 효과적이었지만 너무 무거워 이동에는 큰 문제가 있었다네. 해안과 숲속에 위치한 방어기지에서는 탁월한 성능을 보였지만, 들판에서 포위 작전을 할 때는 다루기 힘들었고 이동이 불편했다네. 대포를 옮기려면 말 스무 필과 서른다섯 명으로 구성된 포병 부대가 필요했지. 이처럼 고정된 목표물에만 유용했기 때문에 이 대포로 구사할 수 있는 전술은 제한적임을 곧 깨닫게 되었다네.

1749년 프랑스 육군 대위 장 바티스트 바케트 드 그리보발은 민첩함과 신속함을 갖춘 대포 시스템을 구상하게 되네. 하지만 그의 계획은 고지식하고 전통에 사로잡힌 육군 수뇌부의 반대에 부딪히고 말았네. 결국 그는 동맹국인 오스트리아로 넘어가 그곳 육군에서 근무하게 되었지. 1762년 소수의 군대를 이끈 그리보발은 프러시아 대군을 상대로 엄청난 전과를 올렸다네. 비록 프러시아가 승리를 거두고 그리보발은 포로로 잡혔지만, 그의 대포 전술 시스템은 적국에게도 큰 감명을 주었다네. 그리보발의 대포 시스템은 전쟁 중에 민첩하고 신속한 새로운 대포였기 때문이지.

그리보발은 다시 프랑스로 돌아와 대포 시스템의 혁신을 완성하게 되네. 우선 대포 제작의 정밀함에 보다 신경을 써서 무려 1000분의 1인치 오차만을 가진 대포를 설계한다네. 또한 능숙한 금속공학자들과 정교한 천공 기계의 도움을 받아 정밀하게 조정이 가능한 상승나사를 추가하여 대포 성능을 높였다네. 아울러 대포의 조준을 용이하게 해 주는 뒷 가늠자와 그것을 잡아당기는 가죽 끈을 추가해서 병사들이 보다 쉽게 대포를 다루도록 했네.

또한 발리에르의 대포는 유지 보수를 위해서 대포 제작 공장에 보내야 했지만, 그리보발의 대포는 언제 어디서든 분해하고 조립할 수 있도록 설계되었지. 아울러 대포 제조 설비를 표준화하고, 제조 기준이 되는 매뉴얼을 만들어 부품들이 동일한 성능의 다른 부품들로 호환되도록 제작하였다네. 이것은 포병 시스템에 고효율, 기동성, 호환성을 가져왔지. 이리하여 프랑스 포병은 유럽에서 가장 막강한 포병 부대가 되었다네. 결국 나폴레옹이 유럽을 점령할 때 이 대포 시스템이 큰 기여를 하였다네.

이처럼 공학은 모듈적 사고를 요구한다네. 즉 전체 목표물은 하나의 거대한 시스템이 되고, 그 시스템은 작은 모듈로 이루어지게 되지. 이때 모듈과 모듈 간의 상호작용을 이해하고 이것들을 실용적으로 잘 짜 맞추는 것, 즉 짜 맞추기가 바로 기술과 원리의 혼합물이라네.

● 최적화

북유럽의 가장 대표적인 도시 스웨덴의 스톡홀름은 북구의 베네치아라고도 부른다네. 도심을 지나는 작은 강과 운하로 다리가 무척 많은 곳이지. 하지만 베네치아의 아름다운 풍경과는 달리 상업 중심 도시 스톡홀름은 매일 아침 출근 시간이면 엄청난 교통량으로 교통이 마비된다네. 러시아워에는 잦은 지각으로 생산성 감소 문제까지 생길 지경이었네. 그래서 2000년대 초 IBM에 교통 문제 해결 방안을 의뢰했다네.

IBM 엔지니어들은 도로의 병목점과 교차로에 설치된 센서를 통해 수집된 모든 교통 자료들로 전체 교통 시스템의 모델을 완성한 후 추가 다리와 고속도로 건설보다는 '혼잡 통행료'라는 새로운 방안을 제안하게 된다네. 2006년 혼잡 통행료 시행 후에 교통 혼잡도는 무려 20~25%나 감소하게 되었네. 게다가 탄소 배출량 역시 감소했다네. 스톡홀름의 성공적인 정책은 유럽과 북미의 대도시로 확장되었고, 이제는 우리나라를 포함하여 전 세계에 보급되었다네.

최적화는 제한된 시간과 예산을 가지고 주어진 목적을 달성하기 위한 다양한 도구들의 배열 또는 사용을 의미한다네. 말은 쉽지만 실제로 답을 찾기는 매우 어렵다고 볼 수 있지. 그래서 일단은 문제를 수학적 모델 형태로 바꾸어 다양한 변수를 시험하면서 결과를 예측하고 있지. 하지만 어떤 모델도 현실을 완벽하게 구현할 수는 없네. 모델에 들어가는 가정들이 제한적일 수밖에 없기 때문이지. 그럼에도 불구하고 어떤 측면에서는 모델이 유용하기도 하다네. 따라서 공학에서는 많은 수학적 모델이 활용되고 있다네.

이제 또 다른 흥미 있는 공학적 사고를 살펴보기로 하세. 1940년 초 미국 우체국은 위기에 봉착하게 되었다네. 제2차 세계대전에 참전하기 위해 우편배달부를 비롯한 많은 직원들이 입대를 해야만 했기 때문이었지. 하지만 배달해야 하는 우편물은 매년 고공 행진으로 늘어났고 급기야 1950년에는 450억 통이나 되었네. 대부분은 광고 우편으로 그 양이 폭발적으로 급증하였기 때문이었다네. 이에 우체국은 비용, 효율, 정확도, 신속성에 있어 우편배달의 최적화를 위해 무엇을 해야 할지 고민하게 되었지. 마침내 우체국은 공학적 해결 방안을 모색하게 되었고, 그 결과 미국의 매력적인 우편배달 시스템이 완성되었다네.

오늘날 세계 여러 나라에서 이 시스템을 사용하고 있다네.

우편배달의 새로운 시스템 설계자는 미국을 '지역(zone)'으로 분할하여 각 지역마다 다섯 자리 인증번호를 부여했다네. 약 20년간의 공학적 연구 끝에 1963년 우편 서비스는 우편 번호(ZIP, Zone Improvement Plan code) 시스템의 시작을 알리게 되었지. 이렇게 하여 우편 번호는 우편물을 보내고 받는 사람들을 연결하는 새로운 시스템으로 자리잡게 되었네.

모듈화된 시스템적 사고의 상징이 된 우편 번호는 미국을 10개의 지역으로 나누고 그 각각에 0에서 9까지 숫자를 부여했다네. 미국 동부 해안 지역인 메인주를 '0'으로 시작하여 서쪽으로 옮기면서 번호를 부여했지. 뉴욕주와 그 인접 주는 '1'을 배당받았고 수도 워싱턴과 인접 주는 '2'로, 서부 해안 지역은 '9'번을 배정받았다네. 우편 번호의 다른 숫자들은 그 지역의 중앙 우체국을 의미하고 있네. 또한 우편 번호에 따라 우편물을 분류할 수 있는 특별한 장비가 개발되었는데 이 장비가 정확성을 갖추기까지는 꽤 시간이 소요되었다네. 왜냐하면 이 과정에 사람의 손작업이 포함되었기 때문이네.

21세기 사람들에게는 매우 비효율적으로 들리겠지만, 1960년에 개발된 우편 번호는 "우편물이 숫자에 의해 처리된다는 혁명적인 아이디어였다"고 스미소니언 국립 우편 박물관의 역사학자 낸시 포프(Nancy Pope)는 말했지. 우편 번호 시스템은 그린빌이나 스프링필드와 같이 도시 이름만으로도 미국 도시간의 우편물 배달이 가능할 정도로 우편물 배달의 효율을 높이는 데 큰 기여를 했다네.

우편물 처리가 기계화되기 전에, 우체국 직원은 손으로 직접 우편물을 분류하였다네. 이런 조건에서는 "비록 이 일에 숙달되었다 하더라도 1분에 60통 이상의 편지를 분류하기는 어려웠다. 그 정도 분류 속도는 아마도 가장 빠른 직원이 할 수 있는 최대한의 수치일 것이다"라고 포프는 말했다네. 대부분의 직원은 평균적으로 1분에 20~30통의 우편물을 분류하였고, 이런 수동 작업에서 많은 실수가 발생하였다네. 그런데 자동화가 되면서 상황은 완전히 바뀌었다네. 기계는 1분에 약 2,000통의 우편물을 분류할 수 있었고, 우편 번호는 우편 서비스의 효율 향상의 바탕이 되었지.

연방정부 건물, 국회의사당, 백악관, 국방부 등은 특별한 우편 번호를 배정받았다네. 다른 나라들도 우편 번호 아이디어를 받아들여 각각 국가에 적합한 형태로 운영하기 시작했지. 우편 번호는 공학적 해법의 상징이 되었고, 우편 서비스의 효율 측면, 즉 비용 절감과 오류 감소에 엄청난 개선을 가져오게 되었지. 우편 번호 시스템의 개발은 마스터플랜의 결과라 볼 수 있네. 즉 많은 대규모의 공학적, 건축적, 군사적 프로젝트의 성공을 가져왔던 장기적인 전략에 기인했다는 것이네. 종종 세심하고 조심스럽게 계획된 시스템의 분해 과정은 창조적인 재결합 과정에 필수적이라네.

하지만 우편 번호 시스템의 도입을 모든 사람이 기뻐하지는 않았다네. 그들은 우편 번호를 기억하는 것을 불편해 하였지. 장거리 전화를 걸 때 지역번호 세 자리를 기억해야 하는 것과 같은 거라네. 그래서 우편 번호와 같은 최적화 개념을 잘 운영하기 위해서는 국민들을 설득하기 위한 국가적인 캠페인이 필요하게 되었지. 마침내는 '우편 번호 아저씨'라는 캐릭터가 등장하는 만화까지 선보이게 되었다네.

우편 번호 시스템의 파괴력은 우편배달 서비스 영역 밖으로 확대되었네. 최근 들어 온라인 기업들은 20세기 공학적 인프라라고 할 수 있는 우편배달 시스템을 핵심으로 소비자들의 인구 통계학적 소비 특성에 대한 정보를 모으는 데 활용하고 있다네. 이제 이러한 숫자들은 인구 조사나 우편배달 광고와 같은 대규모 프로젝트에 필수적인 데이터가 되었다네.

공학은 사람이 하던 것을 기계로 대신하는 기술이 아니라 그 이상을 의미하는데, 바로 전략에 관한 것이네. 우편 번호를 개발한 것은 IBM이 스톡홀름의 교통 체증 문제를 해결하기 위하여 혼잡 통행료를 징수하여 운전자의 행동에 변화를 가져온 것과 유사하게 단순해 보이지만 최적화에 있어서 심오한 전략이었던 것이네. 이렇게 공학은 기술적인 문제보다는 실제적인 문제를 해결하는 데 도움을 주는 분야라네. 우편 번호와 혼잡 통행료는 공학자들이 실제적 문제에 기술적 요소와 사회적 요소를 잘 혼합하여 만들어 낸 성공적인 사례라네.

• **효율과 신뢰성**

1960년대 중반 어느 금요일 오후, 존 셰퍼드 배런이라는 엔지니어는 주말에 쓸 돈을 인출하기 위해 은행에 갔지만 이미 마감 시간이 지나있었지. 급한 일이라며 은행원에게 부탁했지만 거절당했네. 그는 자신의 은행 계좌에 있는 돈은 언제 어디서든 필요할 때 인출할 수 있어야 한다는 생각으로 몇 년 후에 금전 출납기를 발명하게 된다네. 그는 이렇게 말했지. "동네에 있는 초콜릿 자동판매기를 보고, 초콜릿 대신 현금을 생각했다." 이것은 현대 개념으로 보면 소위 '역설계'라는 것이네. 원하는 결과를 미리 상상하고, 거기에 역으로 접근하는 개념이지.

공학은 단연 효율을 중요시한다네. 요즘 말로 '가성비'지. 아무리 좋은 제품도 가격이 너무 비싸면 팔리지 않는다는 말이네. 하지만 가격만이 공학자의 관심사는 아니라네. 공학은 인간의 욕구와 욕망을 충족시키는 작업이라고 앞에서 말하지 않았는가. 현금 인출기 앞에서 카드를 넣고, 비밀번호를 누르고, 현금을 받을 수 있다는 것은 짧은 시간에 인간의 욕망을 만족시키는 것이 된다네. 그 과정이 단순하고, 짧고, 믿을 만하지 않는가? 누구도 내 계좌의 돈이 다른 사람에게 간다는 염려는 안 해도 된다네. 그래서 현금 인출기는 효율과 신뢰성이라는 측면에서 가장 대표적인 공학적 성공작이라 할 수 있지.

효율이라는 측면에서 또 하나 흥미로운 역사적 사건은 바로 슈퍼마켓의 등장이라네. 1916년 테네시주 멤피스에서 '피글리 위글리'라는 독특한 이름의 상점이 문을 열었네. 사람들은 나무로 된 회전문을 지나 바구니를 들고 쇼핑을 한 후 계산대에서 값을 치르고 상점을 나가면 되었네. 이런 구매 방식은 당시로는 파격적이었네. 그도 그럴 것이 그때는 다양한 종류의 상품 및 식품을 파는 매장들이 각각의 판매원을 고용하여 고객을 유치하면서 손님들과의 흥정으로 많은 시간을 소비할 때였기 때문이지. 이러한 전통적인 식료품점의 비효율성에 불만을 품고 있던 식료품 점원 손더스는 매장의 효율적인 동선을 연구하기 시작했지. 그는 가게 입구에서부터 손님이 붐비는 모습을 보고 병목 현상이 쇼핑의 비효율성을 일으키는 문제라는 것을 알아차리게 되었네. 손더스는 계획된 경로를 따라서 손님이 '자연스럽게 흘러가도록' 매장을 설계했네. 그는 모듈식 시스템 사고에 입각하여 상점을 로비, 매장, 창고 세 개의 구역으로 나누었다네. 또한 핵심적인 매장은 상하기 쉬운 상품, 포장 식품, 욕실용품 등으로 구별했네. 그의 광고 문구를 보면 그가 추구한 슈퍼마켓 개념이 잘 나타나 있다네.

> 모든 물품은 표시한 가격 그대로입니다. 사고 싶지 않은 것을 사도록 설득하는 점원은 없습니다. 편안한 마음으로 자유롭게 쇼핑하거나 둘러볼 수 있습니다. 누구도 당신에게 왜 아무것도 사지 않느냐고 묻지 않습니다.

이런 혁신적 발상은 슈퍼마켓의 효율을 획기적으로 향상시켜 주었다네. 피글리 위글리는 일반 상점보다 4배나 더 많은 식료품을 진열할 수 있었고, 가격 경쟁력도 높았지. 1923년까지 피글리 위글리는 미국에 1,200개의 매장을 가지게 되었네. 고객들은 스스로 쇼핑하는 불편함을 감수해야 했지만 가게의 간접비용이 감소하면서 낮은 가격이라는 보상을 받을 수 있었다네. 본격적인 셀프서비스 시대가 열린 것이지.

• 표준화

혹시 마거릿 허친슨이라는 이름을 들어보았는가? 두 번째 메일에서 잠깐 언급했던 바로 그 여성 공학자라네.

미국 텍사스에서 태어난 허친슨은 라이스 대학을 졸업하고, 1937년 MIT 공대 화학공학과에서 박사 학위를 받은 최초의 여성이라네. 졸업 후 석유화학 회사에서 합성고무의 생산 공정을 설계하고 항공유 증류 공정을 연구하고, 또한 페르시아만에 석유화학 공장을 건설하는 일도 맡았었지. 그러다가 제2차 세계대전이 한창인 1940년대 초 페니실린 대량 생산 프로젝트의 책임자가 되었다네. 그녀는 짧은 시간 안에 새로운 반응기를 설계하고 제작하는 대신, 브루클린의 폐쇄된 얼음 공장 탱크를 페니실린 합성 반응기로 이용하고, 석유화학에서 경험한 혼합물의 분리 과정을 이용하여 어려운 페니실린 분리 공정을 성공적으로 완수한다네.

1943년 초 이 공장에서는 4억 단위의 페니실린이 생산되었고 1945년 8월까지 6,500억 단위 페니실린이 생산되었지. 이 페니실린은 전쟁에서 부상을 당하여 패혈증으로 죽어가는 수백만의 군인들과 민간인을 살려냈네. 초기에는 페니실린이 부족하여 환자의 소변에서 다시 페니실린을 회수하여 사용했을 정도라고 하니, 전쟁이라는 절박한 상황에서 페니실린의 생산량에 따라 많은 사람의 생명이 오고갔던 시절이었지. 그녀가 설계한 대량 생산 공정은 개선 단계를 거쳐 표준화되었고, 이후에 수많은 제약 회사에서 다른 화학 약품과 의약품을 생산하는 발효 공정의 기본이 되었다네.

1928년 영국의 생물학자 알렉산더 플레밍은 포도상 구균을 배양하는 접시에서 박테리아를 죽이는 곰팡이를 발견하고, 이 푸른 곰팡이의 이름을 페니실린이라고 하였네. 이 연구로 페니실린이 항생제로서의 가능성은 보였지만, 분리의 어려움으로 연구가 중단되었다네. 10년 뒤 옥스퍼드 대학의 체인과 플로리가 소량의 페니실린을 분리하여 항생제로서의 효과를 입증했지만 대량 생산은 너무 어려웠다네. 대표적 제약 회사인 화이자의 한 임원은 페니실린 대량 생산의 어려움에 대해 다음과 같이 표현했다네.

> 이 곰팡이는 오페라 가수처럼 신경질적이고 산출량이 적고, 분리하기 어렵고, 추출이 죽을 지경으로 힘들고, 정제

는 정말로 끔찍하고, 순도는 만족스럽지 않았습니다.

하지만 마가릿 허친슨은 이 모든 어려움을 극복하고 페니실린의 대량 생산에 성공했다네. 그 업적으로 많은 사람들의 생명을 구할 수 있었고, 많은 사람들의 삶의 질을 높여주었다네. 하지만 그녀는 잊혀진 영웅이었다네.[15]

플레밍의 장례식은 런던의 세인트 폴 성당에서 국장으로 치뤄졌고, 영국은 그를 국가의 영웅이라 칭했네. 그와 대조적으로 허친슨은 미국인들로부터 어떤 칭송도 받지 못하고 어느 추운 겨울날 매사추세츠의 자택에서 조용히 숨을 거두었다네.

왜 사회는 허치슨에게도 동등한 칭송을 하지 않았던 것일까? 때로는 창작품보다 각색이 더 빛을 발할 때도 있는데 말일세. 대량 생산 과정에서 적용된 반응기 설계, 분리 공정, 표준화 과정은 플레밍이 페니실린을 발견했을 때 적용했던 영감과 창조성에 결코 뒤지지 않았다네.

사실 플레밍은 자신이 페니실린을 발견한 것은 우연이라고 했지만, 그것으로부터 항생제의 효과가 있을 것이라는 추론과 후속 연구는 높이 평가할 만하네. 결국 플레밍과 체인, 플로

15 Applied Minds-How engineers think, Guru Madhavan, W. W. Norton& company, 2015

리 3명은 페니실린 발견으로 노벨상을 수상했다네. 한편 허친슨의 경우에는 해결해야 할 문제들이 분명히 존재했고(대량 생산 방법, 정제 방법, 순도를 높이는 방법), 더구나 제2차 세계대전 말에 전쟁터에서 부상당한 많은 군인과 민간인에게 사용할 페니실린의 공급은 일 분, 일 초를 다투는 일이었네. 그런 다급한 상황에서도 프로젝트를 진행하며 각 단계마다 해결책을 제시하고, 공정을 개선하여 적절한 시기에 페니실린을 대량으로 공급한 공로는 왜 충분히 칭송받지 못하는 것일까? 마이크로소프트 회장인 빌 게이츠의 말이 떠오르는군. "인생은 불공평하다."

안전벨트를 발명한 휴스 드 헤이븐은 괴짜 중의 괴짜였네. 그는 사고에서 발생하는 인간의 신체적 한계와 내성에 대한 관심이 유별났네. 그래서 신문에 난 상해 사고에 대해 자세하게 조사를 수행했네. 1916년 컬럼비아 대학에서 공학을 전공한 후 캐나다 왕립 비행단 소속 조종사 후보로 자원입대한다네. 그런데 연습 도중 항공기 충돌 사고로 150미터 상공에서 추락해 간, 담낭, 췌장이 파열되고 다리가 골절되는 큰 부상을 입게 되네. 그는 같은 충돌 사건에서도 상해 정도가 사람마다 다른 이유를 궁금해 했네. 그 후 그는 자동차 충돌 안전성 확보에 대한 연구에 열중하게 되네.

당시 일반인들은 자동차 상해를 불운이나 신의 뜻이라고 생각했었네. 이런 잘못된 인식이 널리 퍼진 가운데 자동차 사고에서 안전을 확보하는 방법을 연구한 그의 생각은 혁명적이라고 여겨졌지. 그는 자동차의 안전장치를 내용물을 보호하는 박스나 컨테이너로 생각했네. 그는 "포장이 열려서 내용물이 쏟아져서는 안 된다. 포장이 찢어지거나 노출되거나 손상되어서도 안 된다"라고 말했지. 그는 자동차 안의 승객을 "컨테이너 안에 느슨하게 놓여 있는 깨어지기 쉬운 고가 물건"이라고 비유했네.

결국 그는 현재 전 세계 대다수 국가에서 자동차 표준 기능으로 장착된 3점식 안전벨트에 대한 특허를 받게 되었네. 기존의 어깨띠 벨트는 비행기 조종사에게는 효과적이었지만 자동차 승객에게는 불편함을 주고 몸을 지나치게 제약한다는 점을 파악한 헤이븐은 자동차 충돌 시 머리 부상을 최소화하도록 무릎과 어깨를 가로지르는 3점식 안전벨트를 개발하여 많은 인명을 구할 수 있었다네.

그러나 그가 연구에 사용한 자료들은 자발적으로 창문 밖으로 튕겨나가 바닥에 머리를 부딪친 사람들(자살을 시도한 사람들)이었기 때문에 연구 결과가 정상인을 대표하지 못한다는 비판을 받기도 했네. 하지만 그는 집요한 관찰과 방대한 자료 수집으로 비판을 피할 수 있었다네. 그는 1946년 3.7센티미터 두께의 쿠션으로 50미터 높이에서 떨어지는 달걀을 깨트리지 않고 받아내는 유명한 완충 실험을 시연하기도 했는데, 이런 시행착오를 통한 안전벨트의 공학적 발명 방식은 체계적인 과학에 기반을 둔 방법보다 앞선다는 것을 보여준 하나의 예가 되었네.[16] 미국질병통제예방센터가 선정한 공공보건의 위대한 성과

10가지 중에 안전벨트도 포함된다네. 안전벨트는 자동차 이용의 폭발적 증가와 고속도로 확대로 인한 자동차 사망사고 증가를 억제한 위대한 발명품이 되었네.

표준이라는 개념은 일관성의 원칙과 연관되어 있네. 언어에 문법이 필요하듯 제품에는 표준이 필요하네. 그러나 사람들은 판에 박힌 일상보다 다채로운 삶을 원한다네. 그래서 표준이 우리의 창의력을 저해하고 우리를 과거의 노예로 만든다고 비판하기도 하지만, 표준이 없는 세상은 생각할 수가 없네. 식품의 영양성분 표시, mp3 음성 포맷, 도로 표지판, 종이 사이즈, 바코드 등 비록 다양성은 떨어지지만 효율성은 향상된다네. 1956년 인도가 미터법을 채택하기 전까지 인도에는 150가지의 서로 다른 도량형이 존재했네. 우체국에서 1그램에서 20킬로그램까지 무게를 재려면 추가 160만 개나 필요했지. 표준은 호환성이라는 편리함으로 효율성을 향상시킨다네. 민간 비행기는 수백만 개의 부품과 도구로 구성되고 서로 다른 제조업체에서 생산하는데, 표준과 호환성이 없으면 항공기의 안전 운행은 불가능하다네.

---

16 앞의 책

• **제약 조건 적용 방법**

샌포드 플레밍은 1827년 스코틀랜드 피페셔(Fifeshire)의 저지대에서 태어났네. 교회 교구에서 교육을 받고, 엔지니어가 되는 도제 수업을 받았다네. 그 후 캐나다로 이주하여 철도 회사에서 일자리를 잡았지. 몇 년 후 캐나다 태평양 철도 회사의 측량사 팀장이 된다네.

1871년 브리티시컬럼비아주가 캐나다에 새롭게 편입되면서 입법자들은 짧은 시간에 해안 철로 시스템을 건설하고자 하였네. 하지만 대륙의 해안 지형에 대한 정확한 측량 자료가 존재하지 않았지. 그래서 이런 정확한 측량 업무가 플레밍과 그의 팀에게 주어지게 되었다네. 그는 황량한 캐나다의 가혹한 기후 조건을 극복하면서 철도 건설을 위한 측량을 수행해 냈다네. 플레밍과 팀원들은 옐로헤드 패스(Yellowhead Pass)를 통하여 브리티시컬럼비아주를 가로지르는 12가지의 다른 경로를 지도에 표시하였네. 플레밍은 경도에 기반을 둔 대략적인 지리적 계산에 의존하였는데 그 당시에는 지역을 나누는 통일된 시간이 없었기 때문이네.

시간에 관한 역사학자 이안 바크키(Ian Bartky)에 따르면 "당시에는 철도 선로와 같은 시스템이 없었다. 이 나라에는 시간을 표시하는 300점이 넘는 다른 시간들이 중첩되고 있었다"고 하네. 핼리팩스와 토론토 사이에는 5개의 시간 구역이 있었고, 각 구역에는 10분씩 다른 시간 구역이 존재했네. 이런 방식으로 예상을 하면 뉴욕과 샌프란시스코 사이에는 144개의 다른 시간 구역이 존재하게 되지. 지역적으로도 시간을 엄수하는 것은 큰 혼란이었다네. 만일 보스턴이 12시 13분이라면 필라델피아는 12시 27분이고 버펄로는 12시 32분이 되는 식이라네.

1832년 미국은 229마일의 철도를 가지고 있었는데 1880년대에 이르러서는 95,000마일로 엄청나게 팽창했다네. 기관사가 시간에 대한 분별력을 잘 유지하기 위해서 모든 철도 회사는 자신들만의 시간표를 가지고 있었네. 철도 회사 시계는 다이얼이 최대 6개까지 있었고, 기차역에는 다른 도시의 시간을 표시하여 보여주었네. 메릴랜드주 볼티모어에서 펜실베이니아주 스크랜턴까지 운행하는 기차가 만일 볼티모어 시간을 따른다면 기차가 단선으로 운행되는 구간에서 충돌의 위험성이 있게 되네. 오늘날 일본 오키나와에 있는 사람이 아프리카 내륙의 와가두구에 있는 사람과 위성 전화를 하려고 할 때 시간을 맞추는 것은 쉬운 일이지만 과거의 방식이었으면 끔찍한 일이었을 것이네.

1876년 7월, 샌포드 플레밍은 아일랜드를 여행하고 있었네. 그는 오후 5시경에 번도란(Bundoran) 역에 도착해서 런던데리(Londonderry)로 가는 열차를 타려고 했지. 열차 표는 기차 출발 시간을 단순히 '5:35'로 표기하였다네. 그래서 플레밍은 조금 있으면 열차가 오겠구나 생각했지. 하지만 시간이 지나서야 그는 열차가 5:35 a.m. 이전에는 오지 않는다는 것을 알게 되었다네. 결국 플레밍은 하룻밤을 역에서 보내게 되었고 다음날 기차와 연결되는 페리를 타지 못했다네. 플레밍과 동시대의 작가는 격분하여 다음과 같이 적었다네.

> 여행자의 시계는 단지 혼란만 가져올 뿐이다. 기차역에 마주보며 걸려 있는 시계들은 전혀 조화롭지 못하고 지역적으로 다른 시간을 표시하기 때문에 모든 지능적인 해석에도 불구하고 우리를 당황하게 만들었다.

이런 혼란스러운 시간표는 플레밍이 세계 공통 24시간 표준을 만들기 전까지 지속되었다네. 플레밍은 시스템적 사고 모듈의 아이디어를 발전시켜 전 세계를 가로질러 한 시간 간격으로 시간 구역을 나누었네. 경도에서의 15도 간격이 한 시간 간격에 해당했네. 그래서 전 세계를 24시간 구역으로 나눌 수 있었고, 결국 지구의 경도 360도를 모두 포함할 수 있게 되었네. 출발점이 되는 경도 0에 해당하는 자오선은 나중에 영국 그리니치 천문대로 결정되었다네.

1883년에 드디어 모든 기차들은 플레밍의 표준 시간에 맞추어서 운행되기 시작하였다네. 세계 표준 시간의 정착은 천문학, 기상학, 발전소, 군대에서 일하는 사람들에게 새로운 가능성을 확장하는 기회가 되었네. 그곳에서는 시간을 체계화하는 것이 반드시 필요했기 때문이네.

플레밍의 아이디어는 많은 정책 입안자들에게 영향을 주

었다네. 하지만 몇몇 사람들은 그를 사회주의자라고 비난했네. 마치 우편 번호의 등장과 같은 반응이었지. 플레밍의 아이디어의 예상치 못한 수혜자는 미국 대통령이었네. 당시 미국 대통령이었던 체스터 아서(Chester Arthur)의 지도력으로 1884년 워싱턴 D.C.에서 국제자오선학회가 열렸고, 1885년 표준 시간이 전 세계적으로 공인되고 시행되었다네.

플레밍의 전기 작가 클락 블레이스(Clark Blaise)는 시간을 "피에 굶주린 야만인"이라고 묘사했지만, 표준 시간은 비폭력적으로 도입되고 실행되었다네. 그리고 전 세계 표준 시간으로 정착되는 과정에서 전쟁이 일어나거나 단돈 1달러도 소모되지 않았네. 플레밍의 아이디어는 우리의 삶을 새롭게 만든 매우 중요한 것 중 하나가 되었다네. 7일, 12개월, 24시간, 365일. 표준 시간은 우리의 '문화적' 시간이 되었다네.

서커스단 공중 곡예사부터 흉부외과 의사까지, 모든 제약 조건들이 사람들에게 영향을 미친다네. 하지만 어떤 사람에게는 제약 조건이지만 다른 사람에게는 자유로움이 될 수도 있다네. 사람들은 다이어트를 하고 근육질 몸매를 위해 헬스장을 찾는다네. 정부는 예산을 몰수하고는 절약을 했다는 데서 의미를 찾는다네. 연구소는 자신이 만든 규칙과 정통성에 의해 제약을 받고, 종교는 제약 조건들을 규정하고 지킨다네. 그리고 우리는 종종 웹 탐색에서 잘 정돈된 결과를 얻기 위해 제약 조건들을 적용시키기도 하지. 사실상 이런 제약 조건들의 목적은 인생에서 우리의 위치를 재평가하고 새롭게 고려하자는 것이네.

인도의 전직 대통령이자 항공 엔지니어였던 압둘 카람(A. P. J. Abdul Kalam)은 자신이 대학 시절에 겪은 이야기를 즐겨하곤 했다네. 카람은 자신과 여섯 명의 학생들이 한 학기 과제물로 경량 폭격기 설계를 받았다고 했네.

> 나는 과제에서 비행기의 공기역학과 구조에 대한 부분을 책임지기로 했어요. 다른 친구들은 비행기의 추진, 제어, 방어, 그리고 전자기기 설계를 맡기로 했어요.

프로젝트는 오는 월요일이 마감일이었지만, 그들은 금요일까지도 지지부진했네. 그는 교수로부터 만일 기한 내에 제출하지 못하면 장학금을 받을 수 없다는 경고까지 받게 되었지. 그는 가난한 집안 출신으로 장학금 없이는 학업을 지속할 수 없었네. "당장 그 프로젝트를 끝내는 것 외에는 다른 선택이 없었죠." 교수의 압력이 프로젝트를 제시간에 완성하는 데 결정적 역할을 했던 것이네. 몇십 년 후, 카람은 다양한 제약 조건이 있는 시스템의 설계, 통합, 운영에 있어서 그가 겪은 경험의 교훈을 생각했네. "만일 어떤 것이 성패가 걸린 상태에 있을 때면, 인간의 마음에서는 불꽃이 튕기면서 자신의 능력의 몇 배를 발휘하곤 합니다." 이렇듯 마감일과 제약 조건이 혁신을 방해하지는 않는다네. 적절하게 사용하면, 그것은 새로운 가능성의 문을 열어줄 것이네.

공학의 세계는 제약 조건으로 채워져 있네. 부정적 제약 조건은 물질의 물리적 한계에 의하여 주어지지. 하드웨어 엔지니어부터 비행기 요리사, 테니스 선수에서 목수까지 어떤 한정된 공간에서 일하는 사람들은 내가 무슨 말을 하는지 잘 이해할 것이네. 심지어 자연의 소소한 제약 조건 하에서도, 엔지니어는 기술의 물리적 경계를 존중하면서 새로운 형태나 기능을 쌓아간다네. 그 반대의 개념은 긍정적 제약 조건으로 이것은 부정적 제약 조건의 한계 없이 새로운 가능성을 허용하는 자기 주도 시나리오이네.

샌포드 플레밍의 경우, 제약 조건들은 오히려 긍정적이었네. 표준 시간을 정하고자 하는 그의 해결책은 오히려 관계가 없는 일을 하면서 시작되었지. 즉 새로운 열차 선로를 위한 거친 지형을 탐사하면서 시작되었다는 것이네. 그의 제약 조건은 새로운 시간을 설계하게 하였고 그것의 실행은 바로 정치 때문에 가능하게 되었네. 국제자오선학회가 바로 그것이었네. 캐나다 철도 회사 책임 건축 설계자로서, 플레밍은 다른 프로젝트에서도 수많은 부정적인 제약 조건들에 직면했었네. 시간과 돈은 우리가 살아가는 데 분명히 피할 수 없는 부정적 제약 조건들이네. 그것들은 다른 긍정적 제약 조건들보다 더욱 강력하게 자신의 존재를 나타내지. 하지만 플레밍의 예에서 알 수 있듯이, 시간과 돈과 같은 강력한 부정적 제약 조건들은 비교적 부드러운 제약 조건들로 취급되어지고, 결국에는 많은 사람들의 돈을 절약하게 할 수 있는 규칙화된 시간이라는 결과를 가져왔다네.

• **시작품 제작**

스티브 새슨은 어린 시절 공작에 타고난 소질을 보였네. 지하실에서 라디오를 만들었고, 길에 버려진 텔레비전을 가져와서 콘덴서, 저항, 변압기 등을 분리했다네. 그 후 뉴욕의 렌슬러 폴리테크닉 대학에서 전기공학을 전공하고 필름 분야의 혁신 기업인 코닥에 입사했다네. 그가 맡은 첫 연구 과제는 전하결합 소자(Charge coupled device, CCD)라는 신기술의 잠재적인 용도를 개발하는 것이었네. CCD는 벨 연구소에서 개발한 빛을 감지하는 전자 광센서라네. 당시 코닥에는 기계공학자, 화학공학자가 대다수였지. 그는 CCD를 가지고 이미지 캡처 장치를 만들고자 했네. 하지만 회사의 그 누구도 심지어 그의 상사까지도 그의 연구 내용에 전혀 관심이 없었다네.

그는 실험실 구석에서 홀로 연구를 하였고 1976년 당시 나이 25세에 시작품을 만들게 되네. 매우 투박했고, 해상도는 1만 픽셀(0.01메가픽셀) 정도였네. 그는 시작품을 최고 경영자들 앞에서 시연했지만, 반응은 차가웠네. 몇몇 임원들은 새슨의 아이디어에 놀라움을 보이기도 했지만, 전반적인 평가는 부정적이었네. 새슨의 이미지 캡처 장치는 개발이 진행됨에 따라 1990년에는 이미지 압축 기능까지 추가되어 1.2메가픽셀의 해상도를 가지게 되었네. 하지만 코닥은 디지털카메라가 보급되면 현재 회사의 주수입원인 필름 제품이 시장을 잃게 될 거라고 예측했네. 결국 코닥은 디지털카메라 사업을 접었고, 새슨은 회사에서 해고되었지.

결국 디지털카메라 시장은 후발 업체인 소니에 의하여 평정되었다네. 한때 가장 혁신적인 기업으로 평가받고, 전 세계 필름 시장의 90%를 석권하고, 영화 필름 시장의 95%를 장악했던 공룡 기업으로 미국 6대 거대 기업이었던 코닥은 2012년 파산 보호 신청을 하기에 이르렀네. 가장 먼저 디지털카메라를 발명했음에도 불구하고, 디지털 시대에 뒤떨어지면서 한없이 몰락하게 된 것이네. 이처럼 공학자의 노력도 회사 경영진의 안목과 합리적 판단이 부족하면 빛을 볼 수 없게 되고 마네.

이제 우리 삶의 방식과 소통의 방식을 송두리째 바꾸어 놓은 핸드폰 이야기를 해볼까 하네. 1960년 미국 모토로라에서 직장생활을 시작한 마틴 쿠퍼는 송수신용 무선기 제조 업무를 하고 있었네. 모토로라는 당시 인기 있는 카폰(자동차 전화) 산업의 선두주자였지만, 제한된 주파수의 활용으로 이용자의 불만이 높았다네. "택시를 타든 거리를 걷든 식당에 있든 무선 신호를 받을 수 있는 곳이면 어디든 전화를 할 수 있지 않을까?" 무선 전화의 출발점은 이러한 뚜렷한 목표와 개념을 가지고 시작되었다네.

먼저 지리적인 지역을 셀이라 불리는 여러 개의 작은 조각으로 나누었는데, 이것은 모듈식 시스템 사고를 활용한 우편 번호 시스템과 유사한 것이네. 즉 하나의 셀에서 수백 명의 이용자들이 동시에 주파수를 공유하고, 어떤 사람이 다른 지역으로 이동하면, A라는 셀에서 B라는 셀로 통화를 유지시켜 주는 것이네. 이 경우에는 컴퓨터로 제어되는 무선 송신기와 무선 수신기가 사용된다네. 이런 신호 전달은 이용자가 전혀 인식하지 못할 만큼 자연스럽고 역동적으로 이루어지지. 핸드폰은 송수신기, 안테나, 코일, 콘덴서, 음성 합성기, 발진기, 배터리 등 수천 개의 부품이 필요하네. 쿠퍼는 자신의 핸드폰 개념에 대한 확신을 얻을 때까지 다양한 아이디어를 뒤섞고 재배열하면서 시작품을 만들었네. 드디어 1983년 모토로라는 상용화된 핸드폰 다이나택을 시판하게 되었고 그 후 지속적인 개발을 통하여 현재의 핸드폰으로 진화하였네.

새슨의 디지털카메라와 쿠퍼의 핸드폰은 공학에서 시작품의 중요성을 보여주는 좋은 예라네. 시작품은 종종 주로 회사 임원에게 기술적인 세부 사항을 설명하는 것보다 더 효율적으로 그 기능이나 성능을 보여줄 수 있기 때문이네. 즉 바로 볼 수 있고, 만질 수 있고 느낄 수 있기 때문이지. 시작품은 제품에 대한 사용자의 즉각적인 반응을 알아내기가 쉽네. 시작품은 새로운 능력을 창조하고, 기술의 새로운 형태, 새로운 기대를 가져온다네. 제임스 와트의 증기 기관을 시작품으로 본다면, 기차의 포화점까지 약 120년이 걸렸다네. 최초의 시계는 하루에 30분의 오차가 있었지만, 지금은 1초의 몇 분의 1로 떨어지게 되었네.

• 경험에서 배우기

빅터 밀스는 생활용품을 주로 생산하는 프록터 앤드 갬블(P&G)에서 일하는 화학공학자이자 주말에는 손주의 기저귀를 빨래하는 할아버지였네. 그는 땅콩버터에서 기름의 분리를 막는 기술로 유명한 지프(JIF; 땅콩버터 브랜드)를 만들었고, 덩어리지지 않는 케이크 믹스도 개발했네. 하지만 신규로 맡은 프로젝트가 그를 괴롭혔지. 당시 회사는 펄프 제조회사를 인수했는데 이 회사의 펄프를 잘 활용해야 하는 문제로 골머리를 앓았네. 그래서 집에서는 손주의 기저귀를 빨아야 했고, 회사에서는 펄프의 신규 사업 구상으로 힘든 시기를 보내게 된다네. 어느 날 그는 펄프를 가지고 기저귀용 흡수지를 개발하고자 했네. 두껍고 네모난 종이 패드를 여러 장 쌓은 다음 젖어도 괜찮은 고분자 포장으로 흡수층의 안팎을 고정시켰네. 밀스는 오줌싸개 인형, 그리고 자신의 손자 손녀에게 기저귀를 테스트했네. 이렇게 세계 최초의 일회용 기저귀인 '팜파스'가 탄생한 것이지.

이어서 제품을 개선하기 위하여 부모, 소아과의사, 경제학자, 심지어 환경 보호론자에게까지 자문을 구했다네. 고객들의 피드백을 받은 다음 테이프 고정형 모델과 핀 고정형 모델 두 가지를 개발했지. 또한 기저귀의 가격이 비싸다는 여론에 따라 저비용으로 대량 생산하는 방식을 개발했고, 흡수력을 높일 필요가 있다는 시장 반응에 따라 흡수력을 높이는 새로운 소재 개발에도 주력하였네. 결국 일회용 기저귀 시장은 병원의 환자용 기저귀 시장으로 크게 확대되었다네. 일회용 기저귀는 고객과의 사회적 상호작용이 어떻게 공학 설계에 영향을 미치는지를 보여주는 좋은 사례가 되었네. 많은 사람들의 사용 경험에서 발전이 이루어진 것이지.

마지막으로 우리가 자주 사용하는 케첩에 대한 이야기를 해보겠네. 케첩은 패스트푸드에 빠지지 않는 양념이지. 1869년 하인즈 컴퍼니는 투명한 유리병에 담긴 케첩을 판매하기 시작했었지. 유리병의 장점은 병을 만들기 쉽고, 케첩이 얼마나 남았는지 한눈에 알 수 있었기 때문이었지. 하지만 문제는 케첩이 병 바깥으로 잘 흐르지 않는다는 점이었네. 그래서 병을 흔들거나 혹은 포크, 나이프로 떠내야만 했고, 게다가 '케첩의 침'이라는 물기가 생기면서 식욕을 떨어트렸다네. 그래서 그들은 해법을 찾아야만 했지.

하인즈는 아이들이 접시에 케첩으로 그림을 그리며 논다는 사실에 영감을 받았네. 엔지니어들과 디자이너들이 모델링을 하고, 제한 사항들을 토론하면서 거꾸로 뒤집어 짤 수 있는 폴리에틸렌 테레프탈레이트(PET) 재질의 케첩 용기를 발명해 냈다네. 구멍으로 나오는 케첩의 양이 잘 조절되고, 용기도 잘 만들어졌네. 한 번 짜내면 한 번 이용하기에 적당한 양의 케첩이 나왔지. 밸브처럼 구멍이 작게 뚫린 뚜껑을 달아서 케첩을 짜낼 때 공기의 힘으로 물기가 다시 케첩 속으로 빨려 들도록 하여 '케첩의 침' 문제를 해결하게 되었다네. 케첩 용기의 외향과 느낌이 극적으로 개선된 셈이지. 케첩 용기에 밸브 모양의 뚜껑 디자인을 사용한다는 아이디어는 이미 대다수 샴푸용기에서 사용되고 있었다네. 하지만 제품 디자인을 개선하기 위한 하인즈의 방식, 즉 편리함, 미끄럼 방지 처리, 부드러움, 손에 쥐고 짜내기의 특별한 인체 공학적 접근 방식은 최종 소비자들과 직접적으로 연결되어 얻은 결과라 할 수 있네.

✉

이제까지 나는 자네에게 공학적 사고의 기본 개념인 짜깁기, 효율, 표준화, 시작품 제작하기, 경험에서 배우기 등의 주제에 관련된 공학적 발명품의 탄생에 관한 이야기를 했네. 자네가 기억해야 하는 것은 그 제품들은 모두 모듈식 시스템 사고와 백워드 설계의 힘을 사용한 공학자들이 만든 것이라는 점이네.

공학적 사고는 만병통치약은 아니지만 삶을 위한 지속적인 인식의 전형이며, 내구성 있고 실용적인 구조물이라고 할 수 있네. 또한 공학적 사고는 공학 이외의 문제를 해결하는 데도 매우 효과적이라는 점을 기억하길 바라네.

이번 편지는 좀 길었네. 그만큼 이번 편지의 내용이 공학에서 매우 중요한 영역을 차지하고 있다는 점을 말해주는 것이기도 하네. 아무쪼록 이 편지 내용을 잘 기억하고, 나중에 자네가 공학자로 일을 할 때 멋지게 적용해 보기를 바라네.

다음 편지를 기대하게나.

답장 전체답장 전달 ¦ 삭제 스팸차단 안읽음 ¦ 이동 ▾ 더보기 ▾

☆ 다섯 번째 메일

프로젝트와 조직 문화

Send

답장 전체답장 전달 | 삭제 스팸차단 안읽음 | 이동 ▾ 더보기 ▾

☆ 성공을 위한 프로젝트와 조직 문화 2023. 6. 9. (금) 17:29

︿ 보낸사람 한귀영
받는사람 H군

오늘은 우리가 잘 알고 있는 소설 하나를 소개하겠네. “내 이름을 이슈메일이라고 해두자”라는 문장으로 시작하는 소설 『모비 딕』이네. 이 소설은 『리어왕』, 『폭풍의 언덕』과 함께 3대 비극 소설로 알려져 있다네. 흰 고래를 사냥하는 과정을 그린 작품으로 많은 은유와 무수한 고래 관련 설명이 특징인데, 매우 무거운 분위기의 비극적 소설이라네.

이마에 주름이 잡혀 있고 아가리가 우그러진 고래를 발견하는 자, 대가리가 희고 오른쪽 꼬리에 구멍이 세 개 뚫린 고래를 발견하는 자, 그 흰 고래를 발견하는 자에게 이 금화를 주겠다. (……) 그래, 그래! 나는 희망봉을 돌고 혼 곶을 돌고 노르웨이 앞바다의 소용돌이를 돌고 지옥의 불길을 돌아서라도 놈을 추적하겠다. (……) 대륙의 양끝에서, 지구 곳곳에서 그놈의 흰 고래를 추적하는 것, 그놈이 검은 피를 내뿜고 지느러미를 맥없이 늘어트릴 때까지 추적하는 것, 그것이 우리가 항해하는 목적이다. 어떠냐? 나를 도와주겠는가?[17]

이 소설은 여러 가지 의미로 해석할 수 있는데, 물론 해석은 독자의 몫이겠지만 나는 이것을 '모비 딕'이라는 괴물 고래를 사냥하는 원대한 프로젝트로 해석할 수도 있다고 보네. 선장 에이해브가 평생을 걸쳐 준비한 프로젝트라고 말할 수 있네. 비록 프로젝트는 실패하지만, 그 과정에서 선장이 주도면밀하게 수립한 계획과 그 일을 수행하는 적합한 선원들의 선발, 그리고 집요한 고래의 추격은 하나의 프로젝트 성공을 위한 준비와 실행이었다고 말하고 싶네.

● 프로젝트의 특성

지금부터는 공학에서 자주 언급되는 프로젝트가 무엇인지

---

17 모비 딕, 허먼 멜빌 지음, 김석희 옮김, 작가정신, 2021

그 특징을 살펴보도록 하세. 가장 대표적인 프로젝트의 성공 사례로 알려진 '맨해튼 프로젝트'를 살펴보면서 프로젝트의 특징들을 알아보기로 하세.

첫째, 공학은 프로젝트에 의해 진행된다는 것이네. 1942년부터 1946년까지 미 육군 공병대의 지휘하에 이루어진 핵폭탄 개발 프로그램은 맨해튼 프로젝트로 이름이 붙여졌네. 맨해튼 프로젝트는 핵폭탄 생산을 목적으로 한다고 알려져 있지만, 실제로 전체 비용의 90%는 공장 신설과 핵분열 원료 구입 및 제조에 사용되었고, 10% 정도만 핵폭탄 개발에 사용되었다네. 우라늄의 정제와 무기 제조 공정은 테네시주 오크리지에서 진행되었고, 폭탄 개발과 관련한 연구는 뉴멕시코주 로스앨러모스에서 수행되었지. 아울러 폭탄 폭발 실험은 뉴멕시코주 앨라모고도에서 실행되었다네.

마지막으로 핵폭탄의 수송 및 투하 임무를 위하여 B-29 폭격기 부대가 창설되었네. 흔히 맨해튼 프로젝트는 로스앨러모스 연구소에서 수행된 핵폭탄 제조 프로젝트로 알려져 있지만, 그 내용을 잘 살펴보면 다양한 업무들이 함께 수행되었음을 알 수 있다네. 프로젝트의 최종 목표는 위력적인 폭탄을 적국에 투하해 전쟁을 조기에 끝내는 것으로, 이렇게 시작한 프로젝트는 대규모 공학 프로젝트가 어떤 식으로 운영되는지 잘 보여주는 훌륭한 선례가 되었다네.

이 프로젝트의 상세 진행을 살펴보면, 우선 아인슈타인이

루스벨트 대통령에게 원자 폭탄의 개발 가능성에 대한 편지를 보내면서 시작되었고, 그 후 영국으로 망명한 독일 과학자 프리슈와 파이얼스에 의해 구체화되기 시작했다네. 또한 독일이 먼저 원자 폭탄을 만들지도 모른다는 두려움에 실행 계획은 급속히 추진되었지. 1941년 11월 미국 과학연구 개발국에서 원자 폭탄 개발의 방향이 정해졌고 바로 이듬해 프로젝트가 시작되었네. 가장 중요한 자원인 우라늄은 캐나다, 체코, 콩고 등지에서 집결되었고, 우라늄 정제는 세인트루이스의 한 기업에서 시작되었네. 그런데 우라늄 238과 우라늄 235는 동위 원소이기 때문에 분리가 매우 어려웠지. 연구는 전자기적 분리, 가스 확산 분리 기술, 열 확산 분리 기술이 검토되었고, 이 세 가지 기술에 대한 실험을 통해 최종적으로 기체 확산 동위 원소 분리 방법으로 결정되면서 테네시주 오크리지에 K-25 플랜트를 건설하여 우라늄 동위 원소 분리 및 농축을 하게 되었다네.

한편 로스앨러모스에서는 농축된 우라늄으로 폭탄을 만드는 연구가 진행되었는데, 폭탄은 크게 포신형 폭탄과 플루토늄을 위한 내폭형 폭탄 두 가지로 진행되었네. 핵 실험은 1945년 7월 16일 뉴멕시코주 앨라모고도 폭격 연습장에서 실행되었네. 유타주에 있는 육군 항공 기지에서는 폭탄의 수송과 투하 준비를 위한 작업이 이루어지고 있었지. 8월 6일 특별히 개조된 B-29 폭격기에 '리틀보이'(포신형 우라늄 핵폭탄)라는 별명의 폭탄이 탑재되어 일본 히로시마로 향했다네. 위험을 최소화하기 위해 원자 폭탄은 운송 중에 최종 조립되었고 히로시마에 투하된 원자 폭탄은 TNT 13킬로톤 정도의 파괴력으로 무려 7만 명이 사망하였다네. 며칠 후 8월 9일에는 B-29 폭격기에 '팻맨'(내폭형 플루토늄 핵폭탄)이 탑재되어 나가사키에 투하되었다네. 위력은 TNT 21킬로톤 정도였고 약 3만 5천명이 사망했지. 8월 19일 세 번째 원자 폭탄 투하가 계획되었으나 일본의 항복으로 조립 상태였던 두 발의 폭탄은 태평양 서부 비키니섬 환초에서 수중 폭발시켰다네.

원자 폭탄과 관련된 연구에는 프린스턴 대학, 시카고 대학, 버클리 대학, 일리노이 주립대학, 아이오와 주립대학, 버지니아 대학 등이 참여하였고, 이스트먼 코닥, 켈로그, 듀퐁, 제네럴 일렉트릭 등 미국 주요 화학기업, 그리고 오크리지 연구소, 로스앨러모스 연구소, 해군 연구소, 벨 전화 연구소 등 국립 및 민간 연구소도 동참하였다네. 총 참여 인원은 약 129,000명으로 대부분은 건설 노동자와 설비 운영자, 군사 인력이었지.

결국 맨해튼 프로젝트는 성공적으로 완수되었네. 프로젝트의 목표였던 전쟁 조기 종결이 주어진 시간 안에 잘 달성된 것이지. 그 과정에서 목표를 완수하기에 필요한 몇 가지 핵심적인 소규모 프로젝트 또한 몇 개의 소그룹으로 나누어 수행되었네.[18]

---

18 위키피디아, '맨해튼 프로젝트' 참조

✉

이제 실패한 대형 프로젝트의 실례로서 파나마 운하 건설을 살펴보도록 하세. 사실 우리는 성공한 선례보다는 실패한 선례에서 더 많은 것을 배울 수 있다네. 그래서 실패는 성공의 어머니라고 하는 것이네. 파나마 운하는 파나마 지협을 횡단하여 태평양과 카리브해(대서양)를 연결하는 운하이지.

1881년 프랑스의 외교관이자 기술자인 페르디낭 드 레셉스가 주식회사를 설립하고 본격적인 공사에 착수하게 되었다네. 당시 건설 책임자 레셉스는 이집트의 수에즈 운하를 건설한 경험이 있어서 파나마 운하도 쉽게 건설될 것으로 예상했다네. 하지만 지형적 조건과 말라리아와 황열병 같은 풍토병의 유행으로 회사는 9년 만에 파산하고 만다네. 공사 기간 동안 사고와 질병으로 사망한 인부가 무려 22,000명이나 되었지. 이 거대한 프로젝트는 당시 이 프로젝트에 투자한 수많은 사람들을 파산으로 몰아갔는데, 프랑스 작가 에밀 졸라의 소설 『돈』에 이 과정에 잘 묘사되어 있다네.[19] 대형 프로젝트의 실패가 한 나라 경제에 심각한 충격을 주고, 수많은 투자자들의 몰락을 가져온다는 점에서 프로젝트의 중요성을 다시 한 번 기억해야 하네.

한편 당시 태평양으로의 확장에 필요한 전략적 요충지가

---

19 돈, 에밀 졸라, 유기환 옮김, 문학동네, 2017

필요했던 미국이 운하의 굴착권을 사들여 1904년 공사를 다시 개시하게 된다네. 이 거대한 프로젝트는 수석 엔지니어 존 스티븐스와 조지 고설스가 맡게 되었네. 이들은 우수한 조직력과 비상한 수완, 강인한 성격으로 리더십을 발휘하여 프로젝트를 성공시켰지. 먼저 인부들의 사망 원인이었던 모기 퇴치, 말라리아와 황열병에 대한 대책, 노동자를 위한 적절한 시설 건설, 굴착을 통해 나오는 엄청난 양의 흙과 바위를 제거하기 위한 철도 건설 등에 착수했네.

이 과정에서 윌리엄 고르거스 육군 소장은 18개월간 모기 박멸 프로그램을 실시하여 말라리아와 황열병을 퇴치시켰네. 모기 문제를 해결한 미국은 본격적인 건설에 박차를 가하게 되네. 파나마 운하의 수로는 수면이 해수면보다 높기 때문에 갑문을 설치하여 물을 채워 표고 차를 해결하는 방식으로 추진되었다네. 선박은 도크에 들어온 뒤 물을 채워 더 높은 위치의 도크로 올라가게 되고, 운하 중간에 있는 가툰 호수를 거쳐 다시 도크로 들어가 물을 빼고 내려간 뒤 바다로 들어가게 했네.

이런 복잡한 갑문식 운하를 만든 이유는 운하 중간에 산맥이 있어서 수에즈 운하처럼 평탄한 운하를 만들 경우 천문학적 공사 금액과 더 많은 시간, 인력이 소요되기 때문이었네. 결국 수에즈 운하보다는 몇 배 어려운 지형 조건에서 운하를 건설한 것이지. 이런 악조건에서 다양한 공학적 도전 과제들이 생겨났고, 이에 대한 해법 또한 공학적 사고의 적용으로 만들어졌다네. 운하를 파는 수많은 새롭고 거대한 기계가 제작되었고, 엄청난 하중을 견디는 철도 시스템 제작이 필요했다네. 반복되는 산사태를 막아가며, 토목 기사들은 거대한 댐과 수문을 건설했네.

그들은 일찍이 경험해본 적이 없는 거대한 규모의 콘크리트 구조물을 사용하는 구체적이고 새로운 다양한 방법들을 고안해 냈다네. 그것은 토목공학의 승리였지. 이제 거대한 수문과 그 수문을 제어하는 메커니즘을 설계하는 것은 기계공학과 전기공학 엔지니어들의 몫이 되었다네. 그들은 이를 위해 롤 베어링, 전기모터, 전기제어 등 최신식 기술을 개발하였네. 1914년 파나마 운하는 개통되었고 대서양과 태평양을 연결하는 짧은 뱃길을 만든다는 프로젝트의 목적은 성공적으로 완수되었다네. 이로써 미국에서 태평양과 대서양을 관통하는 파나마 운하를 이용할 경우 남아메리카를 돌아가는 것보다 운항 거리를 약 15,000킬로미터나 줄일 수 있게 되었다네. 엄청난 시간과 연료가 절약되었던 것이지.[20]

• 프로젝트의 효율적 운영

현대의 공학적 사업이나 과제는 모두 프로젝트 형식으로 수행된다네. 목표 달성은 인력, 예산은 물론 일정이 잘 조직된

---

20 공학기술과 인간사회, 한국공학교육학회, 지호, 2005

상태에서만 가능한 일이 되었다네. 이제는 뉴턴이나 아인슈타인 같은 탁월한 능력이 있는 출중한 개인이 필요한 것이 아니라, 전체 과제에서 자신의 임무와 역할을 잘 이해하고 주어진 여건에서 자신이 맡은 부분적인 일을 잘 수행하는 성실하고 센스 있는 공학자가 필요한 시대가 되었다네.

모든 일이 다 그렇겠지만 공학적 일에는 목표와 시간, 정해진 예산이 있네. 공학은 인류 지식의 폭을 넓히기 위해 한 가지 주제에 대하여 시간과 예산에 구애받지 않고 꾸준히 연구하는 과학의 특성과는 다르네. 수십 년간 한 가지 목표를 달성하기 위해 일하는 공학자는 없네. 어찌 보면 공학은 시간과의 싸움이네. 엄청난 성능의 핸드폰을 개발하기 위해서 수십 년간 한 가지 핸드폰을 개발하는 회사는 없는 것처럼 말이네. 그런 회사는 당연히 도태되고 말지. 공학은 목표와 일정표가 분명하네. 본인이 하는 일에서 양자역학 지식이 기본이 된다고 프로젝트에 관련된 양자역학을 공부하고 이해한 후에 일을 하는 것이 아니라 양자역학 관련 전문가의 도움을 받으면서 자신의 전공 영역에서 일을 수행해야 하는 것이네.

프로젝트는 어떤 특정한 목표(댐 건설, 새로운 자동차 설계, 컴퓨터 프로그램 개발)를 수행하기 위한 상호 관련 행위들의 집합체라고 할 수 있네. 즉 공학은 반복적이고 연속적인 일을 하는 것이 아니라 다양한 욕구를 만족시키기 위한 특정한 프로젝트의 연속이라는 뜻이네. 또한 프로젝트는 시간, 예산, 달성해야 하는 목표라는 제한 요소를 가지고 있네. 주어진 시간 동안, 주어진 예산으로 특정 목표를 달성해야 하는 거지. 따라서 프로젝트를 잘 수행하기 위해서는 계획과 감독, 조정이 반드시 필요하다네.

프로젝트가 성공하기 위해 가장 기본이 되는 것은 바로 프로젝트 구성원들이 공유하는 일의 목표를 효과적으로 수행하기 위한 전체로서의 능력을 갖추는 것이라네. 마치 프로야구 선수들이 리그 우승이라는 한 가지 목표를 향해 합심하여 노력하는 것과 같은 이치라네. 프로젝트의 성공과 실패는 종종 일의 난이도보다 이런 공유된 목표 의식에 의해 더 크게 좌우된다네. 프로젝트는 조직 구성에서부터 시작되는데, 이는 각 개인에게 일의 분배와 책임 범위를 규정하는 것이라네. 이 조직 구성이 끝나면 실제적인 프로젝트 실행이 시작되는데, 이때 필연적으로 발생하는 문제가 바로 '경계면 문제'이네. 이것은 상호 관련된 일의 경계가 애매한 경우로, 예를 들면 법과 관습의 충돌, 또는 기계적 요소와 전기적 요소 간의 해결 방법 같은 것이라네. 결국 일의 경계면이 존재할 경우 상대방의 일을 이해하고, 합의를 도출하도록 조속히 노력해야 한다는 것이네.

결국 경계면 문제는 다른 사람들이 아닌 당사자들이 전체에 대한 큰 그림을 보면서 능동적으로 해결하도록 애써야 한다는 것이네. 먼저 팀 구성원 간 갈등이 없는 프로젝트는 없다는 점을 받아들여야 하네. 따라서 가능한 한 구성원 전체가 자유롭게 의견을 충분히 교환할 수 있는 시간을 통하여 전체의 큰 그림과 자신의 역할, 부분 간의 조화를 생각해야 하네. 이를 위해서는 정보 공유, 회의를 통한 의견 교환, 상대 업무 칭찬, 자신의 기여도 확인 등이 꼭 이루어져야만 하네.

어느 조직이든 게으르고 무능한 조직원이 한둘은 있게 마련이네. 이것은 만고의 진리라네. 이 경우에는 유능한 다수의 구성원들이 프로젝트를 떠맡게 되는데, 이때 무능한 조직원이 단합된 팀의 능력 발휘에 장애가 되지 않도록 해야 한다네.

프로젝트라는 조직에서 일할 때 장점은 자신이 좋아하는 분야에 시간을 투자하면서도 전체적인 큰 업적의 성공을 누릴 수 있다는 것이네. 자신의 개인적 성취와 함께 팀 구성원으로서의 자신의 위치를 확인할 수 있다는 기회가 되기도 하지. 하지만 순탄하게만 진행되어 목표를 달성하는 프로젝트는 절대 없다네. 종종 프로젝트는 무능한 행정 처리, 기술적 난관, 예산과 일정 변경, 관리자와 공학자의 갈등으로 지속적인 관리가 필요하다네. 따라서 이런 프로젝트의 지연을 방지하기 위해서는 프로젝트의 일정을 관리하고, 일의 진척을 모니터링하고, 최종적으로 필요한 조치를 취하는 조정이 필요하게 되지.

다시 말해서 프로젝트 일정 관리는 프로젝트 전체 일정과 병목 현상을 일으키는 결정적인 부분 업무에 대한 확인이네. 그리고 모니터링은 계획된 스케줄과 비교하면서 계속적으로 일을 평가하는 것이라네. 일이 일정표의 계획대로 진행되고 있는지 주기적으로 확인하는 것은 일의 성공에 필수적이네. 일정을 잘 수립하고 모니터링을 통해 실행 단계를 평가하면서 프로젝트를 진척시킨다 해도, 자연적 재난이나 급박한 외부 환경 변화로 프로젝트 전반에 대한 조정이 필요한 경우가 발생할 수 있고, 예산의 변경이나 완료 일정 변화, 조직원 변경, 목표 스펙의 변화 등 예기치 못한 일이 발생하기 때문이네.

우리가 흔히 볼 수 있는 아파트나 도로, 교량 건설 현장에서 공사 기간 지연이나 설계 변경을 자주 볼 수 있는 것과 같은 이치라네. 이 경우 가장 중요한 것은 적절한 시기에 적절한 계획의 변경과 일의 변경이라네. 더 많은 시간과 돈의 투자만으로 해결되는 것은 아니라는 거지. 즉 특정한 전문가의 도움을 받거나, 문제의 접근 방식을 바꾸거나, 실험적 증거가 나올 때까지 기다리거나, 제약 조건의 변경에 따른 컴퓨터 해석 결과에 따른 방향 전환 등이 필요한 상황이라는 것이네. 즉 임기응변으로 상황에 잘 대응해야 한다는 것이네.

결국 프로젝트의 성공을 위해서는 일에 관련된 중요한 사실을 알아내고, 문제를 직시하고, 그에 적합한 조치를 취할 수 있어야 올바른 방향으로 나갈 수 있다는 것이네. 프로젝트는 자신이 맡고 있는 제한된 영역에서의 성공이 아닌 전체로서의 성공이 진정한 성공임을 인식해야 한다네.

공학의 프로젝트 운영에 관한 역사는 로마 시대로 거슬러 올라가네. 리처드 커비(Richard Kirby)는 2000년 전 로마의 공학에 대하여 이렇게 말했다네.

로마의 엔지니어들은 경제적 원리에 그들의 전문적 직업 의식을 확고히 하였다. 그들은 정확한 일의 상세한 사양, 그리고 자세한 계약을 하였다. 그들의 공공건물, 수로, 다리, 그리고 도로들은 로마의 법체계가 보여주는 질서와 합리적 분석 능력과 똑같이 경제적 감각과 효율성을 보여준다. 로마의 건축가 비트루비우스(Vitruvius)가 표현한 대로 공학자들은 '일에 있어서는 엄격하고, 현명한 경비의 지출 관리'를 어떻게 하는지를 잘 알고 있었다.[21]

● **프로젝트에서의 협동**

정보화 시대, 세계화, 자유무역의 확대는 산업에서의 치열한 경쟁을 예고하고 있네. 이런 환경에 융통성 있게 적응을 하기 위해서는 조직 구성원 간의 원활한 업무 조정이 필요할 뿐 아니라 구성원 개개인의 능력 개발을 통하여 조직 혁신을 달성해야 한다네. 따라서 공학에서는 의사소통이나 리더십뿐만 아니라 팀워크에 대한 소양 또한 필요하다네.[22]

팀은 상호 보완적인 기능을 가진 소수의 사람들이 공통의 목표를 위해 서로 책임을 공유하고 문제 해결을 위해 공동의 접

---

21 새로운 사고의 엔지니어 성공학, 로드스트럼, 한귀영 옮김, 글사랑, 1994

22 공학기술과 인간사회, 한국공학교육위원회, 지호, 2005

근 방법을 사용하는 조직 단위이네. 팀의 구성은 동질적인 팀과 이질적인 팀으로 나누어지네. 동질적인 팀은 신속히 합의점에 도달하지만, 유사한 사고방식으로 그룹 문화를 형성할 우려가 있네. 한편 이질적인 팀은 팀워크 형성에 시간이 많이 소요되지만, 탁월하고 혁신적인 방안을 도출할 가능성이 있네. 어쨌든 팀워크에서 요구하는 것은 구성원 간의 상호 보완적 기능과 능력 발휘이라고 할 수 있네.[23]

프로젝트는 소규모 팀들 간의 협동으로 이루어진다네. 물론 주관 부서가 있고 지원 부서가 있지만, 팀들 간의 협조는 필수라네. 어떤 부서는 나에게 도움을 주고, 어떤 부서는 내가 정보를 제공해서 그 부서에 도움을 주어야 하지. 이렇게 한 프로젝트 내에서는 반드시 협력이 필요하네. 하지만 완벽한 파트너는 없다는 점도 명심하길 바라네. 오류와 갈등은 필연적으로 따라오게 되지. 게다가 자기 자신 또한 상대방에게 완벽하지는 않다네. 그래서 프로젝트라는 공동의 목표를 달성하기 위해서는 상대방과 자신의 특성을 존중하면서 서로의 다름이 문제가 되지 않도록 노력해야 한다네. 즉 프로젝트 팀에서의 갈등은 피할 수 없는 것임을 받아들여야 한다는 뜻이네. 팀에서의 갈등은 초기에 관리하도록 조치해야 하고, 감정적인 측면은 자제하면서

---

23 앞의 책

공동의 목적과 진행 방식에 대한 공감대를 높이고자 노력해야 한다네. 그러기 위해서는 항상 팀의 기본 규칙을 기억해야만 한다네.

공학자는 특정한 프로젝트를 수행하는 일에 대부분의 시간을 보내기 때문에 이런 프로젝트의 특성과 효율적인 운영에 대한 이해가 있어야만 성공적으로 자신의 공학적 커리어를 쌓을 수 있다는 점을 명심하길 바라네. 다시 말해서 자신이 맡은 일에서의 성공만이 아니라, 전체적인 프로젝트의 상황 속에서 자신의 성공과 프로젝트의 성공 모두를 추구하는 데 힘써야 한다는 것이네.

공학자는 수학자나 이론 물리학자처럼 혼자서 자신만의 일정대로 일을 수행하는 사람이 아니라, 커다란 프로젝트의 일정에 맞추어서 다른 분야 사람들과 협동, 협력하면서 자신이 맡은 일과 전체 프로젝트의 성공에 기여해야 하는 사람이네. 이는 마치 프로야구에서 투수는 자신만의 역할이 있지만, 최종적인 목표인 팀 우승을 위해서 투수의 역할뿐만 아니라, 팀의 일원으로서 팀의 사기와 단합에 필요한 일도 기꺼이 해야 된다는 것과 같은 이치이네. 자네가 공학 일에 발을 들인 이상, 싫든 좋든 자네는 프로젝트라는 필연적인 상황을 기꺼이 받아들이고 프로젝트의 성공을 위한 자신의 역할을 끊임없이 되돌아보아야 하네. 그것이 바로 자네가 공학에서 직업적 성공을 이루는 길이네.

• 제약 조건과 타협하기(trade-off)

프로젝트의 여러 특징 중에서 가장 중요한 것은 바로 제약 조건을 해결하는 것이네. 시간과 돈은 삶에서 가장 먼저 마주치는 제약 조건이지. 올림픽을 예로 들어보세.

올림픽은 대규모 시스템 프로젝트이네. 2012년 런던 올림픽 개막식을 계획하고 있던 기술 감독 셰퍼드는 엄청난 제약 조건을 만나게 된다네. 그의 팀은 개회식에서 영국의 산업 혁명을 묘사하는 장면을 연출하기로 했다네. 그러려면 굴뚝, 증기기관, 방직기와 같은 대표적인 산업 혁명 소품이 필요했네. 공연 시간은 10분이었지. 그런데 문제는 이 장면에 앞서서 '푸르고 쾌적한 땅'이라는 주제로 잔디와 가축, 물레방아 등을 이용한 목가적인 영국 농촌의 모습이 공연되어야 한다는 것이었네. 그러나 농촌을 묘사하는 장치 내에 산업 혁명 소품들을 미리 숨겨 놓기는 기술적으로 불가능했네. 게다가 쇼가 시작되기 전과 끝나고 난 후에 굴뚝과 같은 큰 장비들을 어디에 어떻게 두어야 할지 막막했지. 특히 쇼의 후반부에 등장하는 성화대를 방해하지 않고 그것들을 잘 보관할 곳을 찾는 것은 거의 불가능한 일이었네. 그들은 실물 대신 디지털 영상으로 굴뚝을 보여줄까 생각했네. 아니면 굴뚝 그림이 그려진 천을 롤 형태로 사용할까도 생각했지만, 예술팀은 3차원 실물을 요구했고, 쇼의 극적 효과를 위해 굴뚝이 10개 이상은 있어야 한다고 했네.

이런 제약 조건들 아래서 결국 소프트웨어 모델과 하드웨어 모델 작업을 구상했네. 처음에는 플라스틱 링 묶음을 땅에서 들어올리는 방식을 생각했지만 바람에 취약했고, 펼쳐지는 모습이 그다지 실감나지 않았다네. 대안을 찾던 중 뮤지컬 〈메리 포핀스〉에서 공기로 부풀리는 인형을 사용한다는 데서 아이디어를 얻게 되었네. 그들은 벽돌 패턴이 그려진 프린트 천을 사용하여 굴뚝 풍선의 외벽을 표현했다네. 풍선 내부는 윈치 케이블 장치와 송풍기 장치를 이용하여 신속히 풍선이 부풀면서 팽창하도록 하였네. 굴뚝 맨 꼭대기에는 연기 발생기를 설치하여 연기나 나오는 모습도 연출했다네. 결국 이런 시도는 성공을 거두었고, 굴뚝 설치는 개회식의 핵심적이고 상징적인 장면 중 하나로 평가받을 수 있었네. 굴뚝 풍선의 경우에서 보듯이 설계에 있어서 셰퍼드의 관심사는 그 구조물이 진짜여야 하는가, 아니면 진짜처럼 느껴져야 하는가였지.[24]

• 파급 효과와 윤리적 고찰

이제, 화제를 돌려서 엔지니어의 윤리 문제를 한번 살펴보기로 하세. 사실, 윤리라는 단어를 떠올리면 우선 진부한 사상이고 또한 개인의 선택을 우선시하는 상대주의를 생각하는 경향

---

24 Applied Minds-How engineers think, Guru Madhavan, W.W. Norton& company, 2015

이 있지만, 인간은 알면서도 행하지 못하고, 잘못인 줄 알면서도 하고 싶은 것을 욕망하기 때문이네. 여기서는 공학 일이라는 직업적 일을 수행할 때 따라오는 직업적 윤리를 말하는 것이네.

엔지니어는 아래의 두 가지 태도 사이에서 자신의 입장을 표출해야 한다네. 하나는 독립과 자유를 중시하는 독립적인 전문가 정신이고, 다른 하나는 고용주에 대한 관료적인 복종을 따르는 복종적인 전문가 정신이네.

공공선과 관련된 문제를 단지 고용주가 명령한다고 해서 무조건 복종할 수는 없지만, 한편으로 전문가는 고용주나 의뢰인의 기대를 충족시켜야 한다네. 따라서 공학자들은 이 두 가지 입장의 중간쯤인 중도적 입장을 갖는 것이 필요하다네.

도덕이란 도덕적 쟁점에 대한 판단을 정당화하기 위해 사용하는 이유이며, 이것은 어떤 행위가 도덕적으로 옳다고 말하는 것은 단순한 느낌을 말하는 것이 아니라 가장 최선의 도덕적 이유들을 지지하는 것이라네. 따라서 공학 윤리는 공학에 종사하는 개인과 조직이 직면하는 도덕적 문제와 도덕적 결정에 대한 연구라네. 여기서 공학 윤리는 개인의 윤리가 아니라 전문직 윤리라네. 즉 전문직 윤리는 전문가들에 의하여 채택된 표준들의 집합이라고 할 수 있다네.[25]

---

25 공학기술과 인간사회, 한국공학교육학회, 지호, 2005

오늘날 공학자들은 막강한 사회 변화의 힘을 가지고 있기 때문에 공학자의 윤리적 책임 또한 막중하다네. 하나의 기술이 완성되면, 그 기술은 이전에는 없던 다른 기술과 연관성을 맺으면서 파급 효과가 커지는 경향이 있다네. 잘 알다시피 산업 혁명의 시발점인 증기 기관은 석탄 갱도에 고인 물을 쉽게 퍼내기 위해 만들어졌지만, 석탄 생산량이 늘어나면서 공장은 석탄과 증기 기관을 동력으로 사용하게 되었고, 이 석탄을 수송하는 새로운 기술로 광산과 도시를 연결하는 철도가 발명되었다네. 결국 물을 퍼내기 위한 증기 기관은 광산 기술, 증기 기관차, 공장 동력 기술, 그리고 철도 산업으로 연결되면서 성장하게 된 것이네. 하지만 이 과정에서 노동자의 혹사, 환경 파괴 등의 부작용 또한 과거와는 비교가 안 되는 심각한 문제를 일으켰네. 자동차를 살펴보더라도, 자동차가 발명된 이후 자동차는 디자인 산업, 도로 기술, 주유 시스템, 신호 체계 및 주차장 개발 등 새로운 산업과 연관을 맺으면서 많은 제도와 규제를 만들어 내고 있지 않은가.

하지만 자동차 또한 교통사고에 따른 사망자와 부상자 증가, 소음, 대기오염 등 많은 문제를 발생시켰고, 그런 문제들은 지금도 계속되고 있지 않은가? 그렇다고 자동차를 발명한 공학자를 범죄인 취급할 수는 없는 것 아닌가? 이처럼 한 가지 획기적 공학 기술은 우리가 미리 예측하지 못한 영역에까지 엄청난 연결고리를 만들면서 파급 효과를 가져오고, 기존의 산업을 무용지물로 만들기도 한다네. 하지만 중요한 사실은 기술은 그 자체로 세상을 바꾸는 것이 아니라, 사람을 매개로 하여 세상을 바꾼다는 것이네. 예를 들면 전화는 멀리 있는 친구와 대화를 가능하게 했지만, 그로 인해 직접 만나는 횟수는 줄어들게 되었다는 뜻이네.

따라서 공학자는 자신의 발명품에 관련된 산업 변화를 주시해야 하며, 부정적 파급 효과에 대해서는 더 많은 책임감을 가져야 하는 것이네. 인간과 환경에 대한 파괴는 한 번 발생하면 원상태로 돌이키기 매우 어렵기 때문이네. 따라서 기술을 개발하고 시스템을 건설하는 공학자는 자신의 기술에 대한 책임감을 더욱 깊이 인식해야만 한다네. 오용될 경우 파급 효과가 큰 재앙을 가져올 수 있는 대표적인 기술에는 원자력 발전, 정보 기술, 생명 공학 기술 등이 있다네. 이런 기술의 속성은 바로 불확실성이네. 따라서 위험과 편익에 대한 정확한 평가가 바탕이 되어야만 한다네.

뒤에 이야기하겠지만, 이런 이유로 공학자들은 반드시 인문학적 소양을 쌓아야만 하고, 이를 바탕으로 판단을 내려야 하는 상황에서 현명하고 지혜로운 선택이나 결정을 할 수 있을 것이라고 생각하네.

• 조직 문화와 리더십

공학은 프로젝트를 기반으로 운영되기 때문에 엔지니어는

개인적인 활동보다는 팀과 조직에서 일하게 된다네. 따라서 자신이 속한 조직 문화와 조직 내에서 각각의 엔지니어들이 자신의 재능을 마음껏 발휘하도록 만드는 리더의 철학은 매우 중요하다네. 개인이 아무리 뛰어난 능력을 가지고 있어도 조직 문화와 잘 융합되지 않으면 조직에 불만을 갖게 되고 일에 흥미나 보람, 의미를 갖지 못하게 되면서 결국 부진한 성과로 이어지게 되기 쉽네. 결국 조직 전체에도 부정적인 영향을 주게 된다네. 따라서 자신이 속한 조직의 조직 문화는 결국 조직의 철학을 의미하는 것인데, 이것을 잘 이해하여 자신을 조직에 녹여내야 한다네.

하지만 가장 큰 역할은 당연히 조직의 리더가 가지고 있는 철학에 달려 있다고 할 수 있지. 물론 우리가 조직의 리더를 선택할 수는 없지만, 언젠가는 자신도 조직의 리더가 되는 시기가 올 것이기 때문에 리더십에 대한 고찰은 반드시 필요하네. 언제까지 말단 엔지니어로 자신의 경력을 끝내지는 않을 것이기 때문이네. 개인적 경험을 이야기하면, 젊은 공학자 시절 탁월한 연구 능력을 보인 사람이 관리자 또는 조직의 리더가 되면서 조직 문화에 대한 철학의 빈곤이나 조직원들을 원만하게 리드하지 못하면서 더 크게 성장하지 못하고 조기에 회사를 그만두는 경우를 본 적이 있다네. 훌륭한 엔지니어가 꼭 훌륭한 리더가 된다는 보장은 없지만, 자신도 미래에 조직의 리더가 되는 시기가 올 것에 대비하여 어떤 경영 철학을 가질지 틈틈이 생각하고 관련 책을 읽으면서 준비를 해야 한다네. 책은 그럴 때 매우 좋은 무기가 되어 준다네.

조직 문화와 관련하여 한 가지 구체적인 예를 들면 『연구원은 무엇으로 사는가』의 저자 유진녕 전 LG화학 최고기술경영자(CTO)이자 LG화학 기술연구원장은 LG화학 기술연구원의 조직 문화에 대하여 "구성원들의 창의와 자율에 바탕을 둔 집단 지성"이라고 강조했다네. 그는 연구원의 공유 가치를 신뢰, 창의, 도전, 프로정신으로 정했네. 이런 명확한 공유 가치 아래에서 모든 연구원들은 자신의 능력을 충분히 펼칠 수 있게 되었다는 것이네. 리더의 중요성은 리더가 자신만의 고유한 조직 문화의 가치를 창출하여, 그것을 조직원들에게 어떻게 설득하고, 실천할 수 있는 것인가에 달려 있다네. 이런 조직의 리더와 함께 일하면 조직은 창의적이고 혁신적인 방향으로 발전하면서 모든 조직원들이 동기 부여를 받고, 창의적인 공학 일을 수행할 수 있게 된다네. 나는 LG화학 기술연구원이 지난 20년간 가장 성공적인 기업 연구원으로 평가를 받을 수 있었던 이유는 바로 이런 바람직한 조직 문화와 리더의 솔선수범 때문이라고 생각한다네.

'한 번 해병은 영원한 해병'이라는 말을 들어본 적이 있을 걸세. 해병대의 열정, 사기, 헌신을 보여주는 감동적인 말이지. 그럼 '한 번 사원은 영원한 사원이다'는 어떤가? 당연히 어울리지 않는 말이네. 회사에 입사한 사원의 최종 목표는 대표 이사가 되는 것이네. 즉 사원에서 중간 관리자 그리고 중역에서 대표까지 승진하는 과정을 염두에 두어야 한다는 것이네. 따라서 자신이 중간 관리자나 중역이 되었을 때 어떤 리더십으로 조직을 이끌어 나갈 것인가를 항상 염두에 두어야 한다는 것일세. 그러기 위해서는 상사의 리더십을 연구하고, 자신의 강점과 단점을 파악하고 리더십에 관련된 정보를 학습하면서 훈련을 하여야 하네.

현대의 거대 조직에서는 리더 자신의 능력 하나만으로 조직을 성공적으로 이끌 수는 없다네. 조직원들이 열정과 헌신, 재능을 잘 발휘할 수 있도록 돕는 리더가 되어야 하네. 사실 이런 리더의 솔선수범은 마음속에 항상 갖고 있다고 말하거나 조직원들 앞에서 자주 언급하는 것보다는 실천을 할 때 본보기가 되어 감동을 주고 영감을 주는 것이네. 아리스토텔레스가 말했듯이, 용기는 용기의 본질이나 의미를 말하기보다는 용기 있는 행동을 함으로써 용기 있는 사람이 된다고 했네. 무엇보다 실천이 중요하며, 특히 리더가 되었을 때는 실천하는 모습이 더욱 중요하다는 것을 명심하기 바라네.

이제 여름이 시작하려 하네. 푸르름으로 가득 찬 자네의 앞날을 기원하겠네.

답장 전체답장 전달 | 삭제 스팸차단 안읽음 | 이동 ▾ 더보기 ▾

☆ 여섯 번째 메일

여성

공학자

답장 전체답장 전달 | 삭제 스팸차단 안읽음 | 이동 ▾ 더보기 ▾

☆ 함께 성장하는 여성 공학자

2023. 7. 12. (수) 10:10

보낸사람 한귀영
받는사람 H군

이번 편지도 역시 인문학 책을 한 권 소개하면서 시작해 보겠네. 주제가 여성 공학자인지라 여성과 관계되는 내용을 언급한 책을 소개하겠네. 바로 『오만과 편견』으로 유명한 제인 오스틴의 작품 『노생거 수도원』이라네.

이 소설은 인문학적 소양의 중요성을 이야기하는 평범한 한 소녀의 성장 소설이라고 할 수 있는데, 평범한 집안 출신의 합리적이고 주관이 뚜렷한 여주인공이 화려한 상류 사회에서 당당하게 자신의 주체성을 찾아가는 이야기라네.

1817년에 출판된 이 소설은 당시 여성과 남성의 역할에 대한 고정 관념을 아주 극명하게 보여주고 있다네. 소설 속 여주인공 캐서린은 17세 소녀로, 역사책이나 철학책 같은 고상한 책은 남성들만 읽는 책이고, 여성은 소설처럼 수준 낮은 책을 읽어야 한다는 당시의 고정 관념에 대하여 이렇게 통렬하게 반격했다네.

> 역사책은 처음부터 끝까지 교황과 왕들의 싸움이나 전쟁, 역병 이야기만 나오죠. 남자들은 죄다 쓸모없고, 여자들은 아예 나오지도 않고, 정말 지겨워요……. 소설은 한마디로 가장 위대한 정신력을 드러내고, 인간 본성에 대한 가장 철저한 지식과 그 다양성에 대한 가장 훌륭한 묘사, 그리고 재치와 유머의 가장 생생한 발산을 최고의 엄선된 단어로 세상에 전달하는 책이죠.[26]

내가 이 책을 소개하는 이유는 이 책이 출판되고 200년이 지난 지금까지도 남자와 여자의 역할에 대한 고정 관념과 편견이 여전히 지속되고 있으며, 여성 공학자와 남성 공학자가 함께 일하는 곳에서도 이러한 불편한 진실이 여전히 존재하고 있기 때문일세.

내가 처음 이 책을 쓰려고 생각할 때는 정년이 어느 정도

---

26 노생거 수도원, 제인 오스틴, 최인자 옮김, 시공사, 2016

남아 있던 시점이었는데, 정년을 앞에 두고 학생들에게 공학에 대한 유익한 이야기를 전해주고 싶다는 심정으로 책을 쓰기 시작했네. 그런데 가만히 생각해보니, 내가 가르치는 성균관대학교 화학공학과 학생들의 30~40%는 여학생이었는데도 불구하고 내가 하는 대부분의 이야기가 무의식중에 젊은 남자 공학자를 대상으로 하고 있다는 것을 깨닫게 되었네. 그래서 여성 공학자에 관련된 부분을 추가하기로 했지.

우리는 어떤 갈등이 발생했을 때 상대방의 입장에서 문제를 바라보라는 이야기를 많이 들어왔네. 물론 그 이야기가 일리 있다고 생각은 하지만, 막상 문제가 발생하면 이런 이야기를 기억해내지 못하는 것 또한 사실이라네. 인류가 오랫동안 해결하지 못하고 있는 대표적인 문제가 인종 차별, 종교 차별, 성차별이라는 점을 다시 생각하면 이 문제가 얼마나 오랫동안 고정 관념이라는 사슬에 묶여 있었는지 잘 알게 될 걸세.

이제 세상이 바뀌면서 많은 부분이 개선되었고, 또한 개선이 진행되고 있지만 약자의 위치에 있는 사람들은 아직도 불편함을 감수하고 있다네. 여기서 내가 페미니즘을 주장하는 것은 아니네. 나는 페미니즘의 정의도 모른다네. 단지 우리가 맡은 공학적 일을 잘 수행해서 성공하려면 구성원 모두가 협력하고 소통을 잘해야 하는데, 최근에 여성 공학자의 증가로 공학 조직 내에서 여성 공학자에 대한 남성 공학자들의 인식이 바뀌어야 할 부분이 있다는 점을 말하는 것이네. 즉 성차별이라는 사회적 문제의 해결이 아니라 프로젝트의 성공이라는 현실적인 측면에서 몇 가지 편견이나 선입견을 깨보자는 것이네.

우선 여성 공학자가 가장 힘들어하는 부분은 같은 공학 교육을 받았고, 더구나 전공과목 성적이 우수함에도 불구하고 승진에서 불리한 평가를 받는다는 우려를 가지고 있다는 것이네. 내가 번역한 책 『여성 공학자로 산다는 것』을 보면 여성 공학자가 일찍 자신의 전공 영역을 떠나 가정으로 돌아가는 주된 이유는 출산이나 양육 때문이 아니라 바로 회사 내에 존재하는 여성 공학자에 대한 편견을 견디지 못하기 때문이라는 것이네.[27]

특히 승진이나 연봉 협상, 출장, 프로젝트 책임자 선정과 같은 부분에서 차별이 존재한다는 것이네. 우리나라는 자원이 부족하고 내수 시장이 작아 부득이하게 수출을 통해 국가의 부를 축적해야 하는 상황이기 때문에 유능한 엔지니어가 더 많이 필요하다네. 결국 수출을 통한 국가 경쟁력을 좌우하는 것은 제조업 기술과 창의적 제품인데 이것은 오로지 공학자들만이 할 수 있는 영역이기 때문이네. 따라서 점점 증가하는 여성 공학자는 어떤 면에서는 매우 긍정적인 일이네. 과거와 달리 공학적 제품에 대한 소비자의 민감한 감성까지 고려하면 여성 공학자

---

27 여성 공학자로 산다는 것, 스테파니 슬로컴, 한귀영 옮김, 성균관대학교 출판부, 2019

의 참여는 바람직한 일이 아닐 수 없다네. 그런데 그런 우수한 여성 공학자들이 공학 일에서 떠나게 만드는 우를 범하면 안 되지 않겠나?

남성 위주의 사회가 오랫동안 지속되다 보니 자신도 모르는 사이에 여성에 대한 편견, 선입견, 고정 관념이 남성 공학자들의 머리에 고착이 된 것도 이해할 만한 일이라네. 특히 우리나라는 가부장 제도, 그리고 남존여비 사상이 오랫동안 사회적 통념으로 내려왔기 때문에 남성들이 알게 모르게 그런 고정 관념에 길들여진 것 또한 사실이네. 하지만 우리나라 또한 선진국과 마찬가지로 시대가 변하면서 여성의 사회적 참여가 왕성해지고 모든 영역에서 여성만의 고유한 특성을 발휘하는 분야가 확대되고 있는 것 또한 분명한 사실이네.

따라서 이런 사회적 변화 추세에 맞추어서 남성들의 여성에 대한 인식 또한 바뀌어야 하는데 그것이 그리 쉽게 변하지 않는다는 것이 문제라네. 즉 오랫동안 남성이 가지고 있는 여성의 전통적인 역할에 대한 고정 관념이 바뀌어야 하는데 그것은 시간이 걸리는 문제라는 점이네. 결국 남성 공학자들이 여성 공학자들과 함께 일하면서도 여성에 대한 자신의 고정 관념을 바꾸지 못한다면 자신의 의도와 다르게 동료 여성 공학자가 직장을 떠나는 일이 발생할 수 있다는 점을 기억해야 할 걸세. 남성 공학자들은 이런 사회적 변화를 빨리 받아들이고, 직장 내에서 동료 여성과의 관계를 합리적으로 설정하는 일에 신경을 써야 할 시점이네.

한편 여성 공학자들도 조직 내에서 대부분의 남성 공학자들의 태도가 오랫동안 잠재해 온 여성의 역할에 대한 고정 관념으로 인한 것일 뿐 특별히 성차별주의자는 아니라는 점을 이해하려고 노력해야 한다네.

여성 공학자 또한 남성 공학자와 똑같이 어려운 공과 대학 교육 과정을 마치고, 유능한 공학적 재능을 가지고 있음에도 불구하고 남성 공학자들의 편견으로 직장을 그만두는 것은 여성 공학자 개인뿐만 아니라, 직장과 국가 모두에게 큰 손실이 아닐 수 없네. 따라서 여성 공학자들은 남성 공학자들의 이런 성적 차별로 보이는 행동에 대한 분명한 불편함을 표시하고 그들의 본심을 이해하도록 노력해야 한다네. 그리하여 모든 공학자들은 직장 내에서 남녀 역할에 대한 오래된 고정 관념에 대한 새로운 인식을 통해서 유능한 여성 공학자들이 직장을 떠나는 것을 막아야 한다네. 물론 여성 공학자만이 차별을 받는 것은 아니라네. 여성 공학자들 또한 남성 공학자에 대한 고정 관념으로 인해서 자신의 행동이 남성 공학자들을 차별하는 행동으로 나타날 수도 있다는 점을 인식해야 한다네.

여성 공학자들에 대한 부당한 편견이 존재한다는 부분을 몇 가지 예를 들어 살펴보겠네. 앞서 이야기한 승진의 문제뿐만 아니라 다양한 부분에서 편견이 존재하네.

예를 들면 프로젝트의 성격상 출장이 잦은 과제를 진행하는 팀에서 누가 출장을 가야 하는지에 대해서는 일의 특성과 적합성을 고려하기보다는 여성 공학자는 집에 돌봐야 하는 아이가 있고, 가족들의 식사도 준비해야 하므로 남성 공학자가 출장을 가야 한다고 생각하는 남성들의 편견을 들 수 있네. 일의 특성에 관계되는 적합한 사람이 누구인가 하는 합리적 추론이 아니라 여성에 대한 일반적인 고정 관념이 출장자를 결정하는 기준이 된다는 것이네. 유사한 예로는 여성 공학자가 늦은 밤까지 야근을 하면 이해할 수 없다는 남성 공학자들 또한 문제라는 것이네. 야근을 남자만 하라는 이유는 딱히 없는데 말이네. 야근은 개인이 판단하는 문제이지 남성과 여성의 문제는 아니라는 것이지. 즉 육아와 집안 살림은 모두 여성의 몫이라는 오래된 고정 관념이 남성 공학자들의 머리에 각인되어 있기 때문에 이러한 편견과 차별이 공학과 관련된 직장에서도 벌어지고 있다는 것이네.

또한 신입 사원의 경우 남성 신입 사원이 경력 많은 선배에게 사회 경험의 노하우를 얻고자 식사나 술자리를 갖고자 청하는 것은 매우 도전적이고 적극적인 행동으로 보지만, 여성 신입 사원이 같은 행동을 했을 경우에는 색안경을 끼고 보는 사람들이 존재하기 마련이네. 여성 공학자가 직업적 경력의 초년에 육아와 집안일을 빌미로 차별하는 단계를 극복하고 나면, 다음에는 상사로서의 리더십에 대한 남성 공학자들의 보이지 않는 차별이 존재한다네. 여성 공학자는 가정에서 자녀 지도 및 부모

보살핌 등의 이유로 일에 집중하지 못할 것이라는 선입견을 가지고 여성 공학자를 폄하하는 일이 벌어지고 있는 것 또한 부인할 수 없는 현실이네.

게다가 승진이나 임금 협상에서도 보이지 않는 남녀 차별이 존재한다는 것은 잘 알려진 사실이라네. 이런 사회적 통념상의 남녀 차별로 인하여 여성 공학자들이 자신의 경력을 순조롭게 쌓아가는 데 어려움이 존재한다는 것이네.

따라서 공학 조직에서 원만한 남녀 협동과 협업이 이루어지기 위해서는 남성 공학자들이 여성에 대한 오래된 고정 관념에서 벗어나는 것이 첫걸음이라는 점을 잘 이해하여야 하네. 또한 여성 공학자들도 남성 공학자들의 여성 공학자에 대한 차별이나 부당해 보이는 대우가 단지 여성 공학자를 폄하하려는 마음에서 출발하는 것이 아니라 오랫동안 내려온 문화적 환경에서 자신도 모르게 무의식적으로 받아들인 관념이라고 생각하고, 이런 상황을 예민하게 받아들이지 말고 가볍게 흘려보낸다는 생각을 가지고 이 문제를 대하면 마음이 다소 편안해지고 평정심을 유지할 것이라고 생각하네.

사실 어떤 조직이든지 조직 생활에서 가장 어려운 일은 조직 구성원들 간의 원만한 인간관계일 것이네. 그런데 여기에 더해서 남성 공학자와 여성 공학자의 서로 다른 고정 관념을 극복하는 것은 또 다른 문제이기도 하다네. 어쨌든 공학 조직에서 약자라 할 수 있는 여성 공학자에 대한 배려와 이해는 성공적인 공학 프로젝트의 완성을 위해서 현실적으로 해결해야 하는 중요한 문제임에는 틀림이 없다는 사실을 기억하길 바라네.

한편, 여성 공학자에 관한 몇 가지 흥미로운 내용을 언급한 책을 하나 소개하겠네. 새뮤얼 플러먼이라는 공학자가 쓴 책 『공학의 실존적 즐거움(The existential pleasures of engineering)』이라는 책에 언급된 내용이네.[28]

이 책에서 주장하는 내용을 보면 공학 분야에 여성의 직업적 선택이 적은 이유는 공학교육이 요구하는 학습량에 비하여 공학자의 사회적 지위가 그리 높지 않다는 것이라네. 즉 공과대학에서 요구하는 학습 강도를 따라가야만 공학자가 되는 것이라면, 차라리 경영이나 언론 분야에서 같은 노력을 하면 사회적 위상이나 소득이 더 높을 수 있다는 생각을 한다는 점이네. 그리고 공과 대학 입학 초기부터 자신의 전공 분야를 확실하게 정하고 구체적인 경력까지 생각하는 남성 공학자들과는 다르게 여성 공학자들은 몇몇 한정된 공학 분야를 막연히 동경하면서 구체적인 경력 관리를 생각하지 못하기 때문에 공학 분야에 매력을 가지지 못한다는 주장도 있다네.

그럼에도 이 책은 여성 공학자가 공학에 더 많이 참여해

---

28 The existential pleasures of engineering, Samuel Florman, Thomas Dunne Book, 1996

야 되는 이유를 강조하고 있네. 그중에서 가장 중요한 사실은 여성 공학자들이 남성 공학자들보다 감성적이고, 인문학적 소양이 높아서 프로젝트 진행 중에 필연적으로 겪게 되는 다양한 문제 해결에 효율적으로 대응한다는 점이네. 이런 여성 공학자의 특성을 어떤 철학자는 "여성 공학자는 남성 공학자에 비하여 더 큰 정서적 감수성, 더 큰 외향성, 더 큰 지적 흥미, 편협한 기술적 관심을 초월한 더 폭넓은 관심을 특징으로 한다"라고 말했네. 그래서 여성 공학자가 포함된 조직이 다른 조직에 비하여 프로젝트의 성공률이 높다는 이야기라네.

결론적으로 이야기하면, 여성은 공학에 인문학 그리고 인도주의적 교육에 내재된 가치에 대한 수준 높은 인식을 가져온다고 말할 수 있다네. 이 점이 바로 공학에 여성 공학자들이 지금보다 더 많이 참여해야 하는 이유이기도 하네. 아울러 힘든 결정 끝에 공학을 선택한 여성 공학자들이 자신의 공학적 경력을 순조롭게 완수하고 퇴직할 수 있도록 공학 조직에서 여성에 대한 고정 관념을 무너뜨리는 데 힘을 기울여야 한다는 뜻이네.

오늘은 이만 마치겠네.

Send

답장 전체답장 전달 ⁞ 삭제 스팸차단 안읽음 ⁞ 이동 ▾ 더보기 ▾

일곱 번째 메일

인간관계

답장 전체답장 전달 ¦ 삭제 스팸차단 안읽음 ¦ 이동 ▾ 더보기 ▾

☆ 결국은 사람이다

2023. 8. 15. (화) 10:47

︿ 보낸사람 한귀영
받는사람 H군

어느덧 시간이 흘러 무더위가 조금씩 가고 가을이 가까이 온 느낌이네. 오늘의 주제는 공학 조직에서의 인간관계로, 이번에도 이 주제에 어울리는 책을 한 권 소개하면서 편지를 시작하려 하네.

오늘 소개할 책은 『도덕감정론』이네. 『국부론』으로 유명한 바로 그 애덤 스미스가 쓴 책이지. 물론 『국부론』도 읽어보았지만, 개인적으로는 이 책을 더 우수한 책이라고 평가하고 싶네. 왜냐하면 『국부론』보다 읽기 쉽고, 내용도 상식적인 판단에서 크게 벗어나지 않아 그의 사상을 이해하는 데 큰 어려움이 없었기 때문이네. 이 책은 그가 인간의 성품에 대하여 얼마나 깊이 생각하고 연구했는지 말해주고 있다네. 애덤 스미스는 '도덕 철학' 교수였으니, 이 영역은 당연히 그의 주요 전공이라고 할 수 있지.

이 책은 인간의 기본적 속성인 공감, 연민, 이타심, 그리고 많은 성품들을 잘 설명해 놓고 있네. 공학자도 결국 조직의 한 사람이므로 그 조직에서의 좋은 인간관계는 공학자의 능력 발휘와 그에 따르는 성공에 큰 영향을 미치게 된다네. 아마도 내가 인용하는 몇 구절을 읽게 되면 이 책에 대한 자네의 궁금증은 어느 정도 풀리게 될 것이고, 이 책을 읽어봐야겠다는 생각까지 하게 될 것이네.

> 인간은 남들이 자신의 감정을 받아들이는 것을 보고는 기쁨을 느끼는데, 왜냐하면 자기가 남들의 지지를 받을 수 있음을 확신하기 때문이며, 반면에 남들이 자신의 감정을 받아들이지 않는 것을 보고는 슬픔을 느끼는데, 그 이유는 남들이 자기를 반대하고 있음을 확실히 알게 되었기 때문이라는 것이다.

> 타인의 감정과 우리 자신의 감정과의 일치, 즉 동감은 기쁨의 한 원인인 것으로 보이고, 동감의 결여는 고통의 한 원인인 것으로 보인다.

> 이처럼 다른 사람에 대해서는 많이 느끼고 자기 자신에 대

해서는 적게 느끼는 것, 다시 말해서 자기 자신을 위하는 사심은 억제하고 남을 위하는 자애심은 방임하는 것이 곧 인간의 천성을 완미하는 길이다. 이렇게 할 때 비로소 감정과 격정의 조화를 이루어냄으로써 인류의 모든 행위를 고상하고 적절하게 할 수 있는 것이다.[29]

이런 구절을 꼼꼼히 읽으면서 다른 사람과의 관계에서 감정의 조절에 신경을 쓰면 자신이 속한 모든 공동체에서 좋은 인간관계를 유지할 것으로 여겨지네. 물론 인간관계는 상대적이라 한쪽의 노력만으로 원만하게 진행되지는 않지만, 기본적인 감정의 조화라는 것을 기억하면 원만한 인간관계에 크게 도움이 될 걸세. 이제 인간관계의 어려움을 보여주는 실례를 통하여 인간관계의 중요성을 살펴보도록 하세.

노벨상 수상자들을 인터뷰한 『스톡홀름에서 걸려온 전화』라는 책[30]에서 흥미 있는 구절을 발견했네. 어떤 유명한 화학자이자 노벨상 수상자에게 그렇게 어려운 화학을 어떻게 이해하고 연구했는지 묻자 그는 이렇게 대답했다네. "화학은 쉬워요. 사실 인생이 어려워요." 이 이야기는 우리가 직업적 일에서 겪

---

29 도덕감정론, 애덤 스미스, 박세일·민경국 옮김, 비봉출판사, 2009

30 스톡홀름에서 걸려온 전화, 스테파노 산드로네, 최경은 옮김, 서울경제신문사, 2022

는 전공의 어려움보다 전공 외적인 일들에서 더 큰 어려움을 겪고 있고, 이 어려움의 대부분은 바로 인간관계에서 나온다는 것을 잘 말해주고 있네.

자폐증 환자에서 동물학 거장으로 성장한 템플 그랜딘이라는 학자가 쓴 『템플 그랜딘의 비주얼 씽킹』이라는 책을 보면 대부분의 위대한 발명은 학업 성적이 우수한 사람들에게서 나오는 것이 아니라 인간관계의 어려움 때문에 혼자서 독립적으로 이룩한 것이며, 대다수는 대학을 중퇴한 사람들에게서 나왔다는 이야기가 있네.[31] 그만큼 많은 사람과 원만한 인간관계를 유지하는 것이 어렵다고 이야기하는 것이기도 하고, 창의적인 일은 괴짜 공학자에게서 나온다는 이야기도 된다고 할 수 있네. 그렇다고 우리 모두가 괴짜 발명가가 될 필요는 없고, 그렇게 많은 괴짜 발명가가 필요하지도 않기 때문에 우리는 평범한 공학자들이 함께 일하는 공학 조직에서의 인간관계를 중심으로 이야기를 해보기로 하세.

● 에디슨과 테슬라의 인간관계

역사상 가장 흥미 있는 경쟁 중 하나로 꼽히는 전류 전쟁, 즉 전기 송전을 교류로 할 것인가, 직류로 할 것인가를 결정하는

---

31 템플 그랜딘의 비주얼 씽킹, 템플 그랜딘, 박미경 옮김, 상상스퀘어, 2023

과정은 마치 한 편의 드라마 같다고 할 수 있네. 게다가 등장인물도 그 유명한 에디슨과 테슬라였으니 정말 볼 만한 싸움이었지. 이제 에디슨과 테슬라를 중심으로 인간관계에 대해 살펴보기로 하세.

1893년 미국 시카고에서 개최된 세계 박람회에 사용될 전기가 교류 방식으로 정해지면서 웨스팅하우스는 제너럴 일렉트릭(General Electric, GE)과의 전류 전쟁에서 승리했다네. 그리고 1895년에는 나이아가라 폭포 발전소에서 생산된 전기를 교류 방식으로 송전하는 시스템을 설계함으로써 전류 전쟁은 교류를 개발한 테슬라가 직류를 개발한 에디슨을 누르고 승리했지.

이렇게 테슬라가 에디슨보다 인류 삶의 발전에 많은 기여를 했음에도 그는 그다지 널리 알려지지 않았고, 사람들로부터 큰 칭송도 받지 못했다네. 현재까지 우리들이 잘 사용하고 있는 교류 시스템을 개발한 큰 공로에 비하면 평가가 너무 박하다는 생각이 드네. 물론 큰 명예나 부도 쌓지 못했지. 아마도 그 이유는 인간관계에서 좋은 평을 받지 못했기 때문이라는 생각이네. 좋은 인간관계가 반드시 명예와 부로 연결되지는 않지만, 좋은 인간관계는 사회의 일원으로 살아가는 데 매우 중요한 요소임에는 틀림없다네. 반대로 에디슨에 대한 평가는 조금 과장된 면이 있을 정도로 위인으로 추앙받고 있지. 아마 에디슨은 어린이들이 가장 좋아하는 위인 중의 한 명일 걸세.

이렇게 두 사람에 대한 평가가 극명하게 달랐던 것처럼,

두 사람의 인생 후반기의 모습 또한 달랐다네. 위인전에서 보아 온 에디슨의 업적이 조금 과장되었다면, 테슬라는 사람들의 뇌리에서 거의 잊혀진 발명가였지. 그러나 최근 들어 가장 혁신적인 전기 자동차를 만든 일론 머스크가 전기 자동차의 이름을 '테슬라'로 지은 것을 보면, 전기 공학자 테슬라에 대한 재평가가 이루어지고 있으며, 그의 공학적 업적이 칭송받고 있다는 느낌이 드네. 사실 전기 자동차의 배터리는 직류에 의해 작동되기 때문에 차 이름은 직류를 개발한 에디슨의 이름을 따서 지어야 하는 것이 보다 적절해 보이지만 말이지. 어쨌든 두 사람 모두 공학적 성공을 이룬 사람임에는 틀림이 없다네. 그런데도 두 사람이 노년에 전혀 다른 삶을 살게 된 극명한 차이는 어디에서 비롯된 것인지 궁금할 걸세.

아무리 훌륭한 공학적 제품일지라도 그것은 대량 생산을 거쳐 소비자의 손에 들어가 편리함을 줄 때 비로소 의미가 있는 것이네. 그래서 공학적 제품을 불특정 다수에게 보급하기 위해서는 대량 생산 시스템이 가능한 기업에서 담당하게 되지. 발명가의 아이디어로부터 시작품이 만들어지고, 그것의 공학적 기능이 확인되면 대량 생산 설비와 판매망이 필요하게 된다네. 따라서 발명가와 사업가는 많은 부분에서 협의와 토의가 필요하지. 특허권이나 기술료와 같은 금전적 보상에 대한 협의나 제품 생산과 품질 관리 등 다각도에서 논의를 거쳐야 하네. 이러한 경우에는 법적, 경제적, 재무적 지식 등이 필요하게 되고 사업

주와의 타협 또한 필요하네. 사실 모든 발명가가 이런 부분까지 탁월할 수는 없네. 더구나 위대한 발명가들은 재능이 남들보다 탁월하다는 것을 스스로 잘 알기 때문에 독선과 오만으로 타인을 무시할 가능성도 높네. 하지만 인간관계는 재능의 크기로 결정되는 것이 아니라 상대방을 존중하는 타협의 의지가 중요하다네.

테슬라는 재능이 뛰어났고, 혼자서 일하는 것을 좋아했네. 심지어 잠을 줄여가면서 일을 했지. 하지만 교류 전류 특허권을 산 웨스팅하우스나 투자자였던 J. P. 모건과 마찰이 많았다고 하네. 독선과 아집, 그리고 타협할 줄 모르는 성격으로 주위에 사람이 적었다네. 하지만 에디슨의 경우에는 '멘로 파크 연구소'를 설립하여 팀플레이 방식으로 기술을 개발했지. 이 과정에서 그는 각 연구원들의 능력과 개성을 존중하면서 유기적인 협업으로 연구소를 잘 이끌었다네.

두 사람의 평가는 주로 그들의 성격이나 직업적 인간관계의 모습으로 결정이 되었다네. 에디슨은 잘난 척하고 명예와 부에 욕심이 많았지만, 사업 및 연구 활동에서의 인간관계는 좋은 것으로 알려져 있었다네. 하지만 테슬라의 경우에는 독선적이고 타협을 모르고 주위 사람들과 잘 사귀지 못하는 성격으로 말년에는 빈털터리로 외부의 도움도 못 받고 작은 호텔에서 쓸쓸히 홀로 숨을 거두었다고 하네.

비록 테슬라의 업적이 사후에 재평가되기는 했지만, 인간관계에서는 좋은 평가를 받지 못했다네. 그가 전기공학에서 큰 업적을 쌓았지만, 주변 인물과의 불편한 인간관계로 평생 외로움과 분노로 행복하지 않았을 것이네. 그가 현역일 때 업적뿐만 아니라 좋은 인간관계도 가질 수 있었더라면 이렇게 말년에 고통을 겪지는 않았을 것이네. 훌륭한 삶이 직업적 성공보다 우선되어야 한다고 생각하네. 즉 좋은 인간관계가 삶을 마지막까지 성공으로 이끌어 준다네.

• 인간은 사회적 존재

사람들이 함께 하는 사회 공동체에서 동료나 친구(이성 포함)는 우리의 생존과 행복에 필수 요소이네. 따라서 다른 사람과의 교류는 피할 수 없는 전제 조건이 되기에 양보와 자제, 관대함이 필요하다네. 우리가 부처나 공자처럼 높은 도덕성을 가지고 있어서가 아니라 그렇게 해야지만 스스로 행복할 확률이 높기 때문이네. 공학 조직에서의 인간관계도 일상의 조직과 유사한 원칙들이 적용된다네. 바로 의사소통과 배려, 존중이라네.

사람들은 인간관계의 중요성을 오래전부터 인식하고 있었기 때문에 좋은 인간관계를 유지하는 여러 가지 방법을 연구해 왔고, 많은 책이나 미디어에서 인간관계에 대한 다양한 정보를 제공하고 있다네. 그만큼 인간관계가 우리 삶에서 차지하는 비중이 크다는 점을 보여주고 있네. 앞서도 언급했듯이 자신의 능력만으로 직업적 성공을 이루는 사람은 극소수이고, 그들 또한 그 과정에서 소외감과 외로움을 많이 느꼈을 것이네. 그런 사람들은 비록 성공은 했지만 그 과정은 매우 고달프고 쓰디쓴 기억으로 남아 있을 것이네. 그래서 조언하고자 하는 것은, 인간관계를 중요한 삶의 조건으로 인식하고, 자신의 능력이나 재능을 앞세우기보다는 좋은 인간관계를 만들고 유지하는 데 많은 노력을 기울여야 한다는 것이네.

결코 세상에 공짜 점심은 없네. 자신이 노력하는 만큼 일의 성과, 그리고 인간관계도 결정이 된다네. 이와 관련된 책으로 데일 카네기의 『인간관계론』을 추천하고 싶네.[32] 이 책은 저자가 실제로 겪은 많은 경험담을 이야기하고 있으며, 내용이 쉽게 서술되어서 이해하고 활용하기에 적합한 책이라고 생각하네.

그중에서 중요한 몇 가지를 소개하고자 하네. 인간관계에서 가장 중요한 것은 바로 상대방을 비난하는 대신 이해하려고 노력하라는 점이네. 그래서 성급하게 상대방을 비판하거나 비난하고 불평하지 말라는 것이네. 인간은 감정의 동물이라서 자기에게 좋지 않은 이야기를 하는 사람에게는 사실 여부와 관계없이 불편한 감정을 갖게 마련이라네. 그래서 인간이 불완전하다는 것이네. 그렇다고 상대방에게 아부나 아첨을 하라는 것은 아니네. 다음으로 중요한 점은 상대방을 인정하고 가능하면 칭

---

32 데일 카네기 인간관계론, 데일 카네기, 임상훈 옮김, 현대지성, 2019

찬하라는 것이네. 칭찬은 고래도 춤추게 한다는 말이 있지 않은가? 특히 우리나라 사람들은 남의 칭찬에 무척 인색한 편인데, 이제부터라도 좋은 인간관계를 위하여 가능하면 상대방을 칭찬하도록 노력하게나.

• 소통의 중요성

소통의 문제는 이제 공학에서 성공의 필수 요건이 되었네. 과거와 달리 공학적 일은 규모가 매우 크고, 다양한 전공 분야 간의 융합으로 이루어지는 일이 많아졌기 때문이네. 그래서 정보를 잘 전달하기 위해서는 올바른 소통 방식에 대한 이해가 반드시 필요하다네.

기본적으로 타인과의 소통이 어려운 이유는 자라온 환경과 문화 그리고 전공의 차이라고 할 수 있네. 그리고 직장 내에서 소통이 어려운 또 다른 이유는 바로 회사의 딱딱한 계급 문화 때문이라네. 사실 직급이 높은 사람이 먼저 자신의 의견을 말했을 때 아랫사람이 그것을 뒤엎는 의견을 꺼내기는 어렵다네. 그것은 직급의 문제도 있지만 높은 직급의 사람들이 가지고 있는 경험과 지식을 높게 평가하는 점도 있기 때문이네. 그러니 소통이 어려운 것은 당연한 것이네.

사실 가족 간에도 소통의 어려움이 존재하지 않나? 소통이란 한 사람이 다른 사람에게 자신이 가지고 있는 생각, 정보, 감정, 경험, 가치관을 의미 있게 전달하거나 이해시키기 위해 상호 교섭하는 과정이라네. 따라서 효과적인 의사소통을 위해서는 다른 사람의 관점을 이해하고 그의 사상과 견해, 감정에 관심을 갖고 대화하려는 열린 마음이 필요하다네.[33] 더구나 인간의 감정은 이성적이지 않고, 논리적이기 않기 때문에 대화 과정에서 감정을 잘 다스리기는 힘든 일이라네. 그렇기 때문에 상대방에게 신뢰하는 마음을 이끌어내고 긍정적인 느낌을 심어주지 못하면 소통은 형식적이고 공허하게 된다네.

일반적으로 소통에는 글쓰기, 말하기, 듣기, 발표 등이 있다네. 그런데 공학자들은 특히 말하는 데 어려움을 겪는 경우가 많다네. 공학자들은 학교에서 주로 사물의 작동 원리, 방정식, 그리고 도표에 익숙하기 때문에 사람과의 대화 대신 방정식이나 그래프 또는 도면으로 모든 것을 설명하려 한다네. 문제는 우리가 상대하는 사람들이 항상 공학자는 아니라는 점이네.

특히 사업에 투자하는 사람이나 주요 고객은 공학자가 아니라 경제나 행정 등에 밝은 사람들인 경우가 많지. 이런 사람들을 대상으로 그들을 설득하기 위해서는 인간적인 측면을 잘 이해하는 것이 중요하다네. 이 점이 공학자에게 인문학이 무엇보다 필요한 이유라네. 더구나 공학자들은 '사실'을 중요하게 생각하기 때문에 평범한 대화에서조차도 상대방의 '중요하지

---

33 공학기술과 인간사회, 한국공학교육학회, 지호, 2005

않은 사실의 오류'를 참지 못하고 바로 지적하는 실수를 저지르곤 한다네. 이런 대화 방식은 상대방을 난처하게 하고, 상대방에게 신뢰감이나 심리적 안정감을 주지 못한다네. 물론 중요한 공학적 지식의 오류는 즉시 바로 잡아야 하지만 말이네.

그리고 공감적 의사소통에서 가장 중요한 점은 바로 '경청'이라네. 아마 자네도 경청에 대하여 많이 들어보았을 것이네. 많은 책에서 소통의 달인들이 반복적으로 하는 이야기이기도 하네. 말하기 전에 들어라. 하지만 결코 실천은 쉽지 않은 일이지. 나 또한 많은 책에서 경청의 중요성에 대하여 잘 알고 있지만, 막상 사람들과 대화를 하다 보면 듣기보다는 말하고 있는 나 자신을 발견할 때가 많다네. 이렇듯 경청은 쉬운 듯하면서도 무척 어려운 일이네. 그러니 경청이라는 단어를 기억하면서 틈틈이 듣는 연습을 하는 수밖에 없다고 생각하네.

일본 간토가쿠인 대학의 재료공학과 교수인 혼마 히데오는 저서 『젊은 공학도에게 전하는 50가지 이야기』에서 소통에 관한 실제적인 문제점을 언급했다네.[34] 그는 최근 이메일을 통한 소통의 문제점을 다음과 같이 지적했다네. 이메일이 빠르고 편리한 점은 있지만 사소한 표현으로도 상대에게 상처를 줄 수 있고 원

---

34 젊은 공학도에게 전하는 50가지 이야기, 혼마 히데오, 김정환 옮김, 다산사이언스, 2016

래 의도가 다른 의미로 해석되는 경우도 있다는 것이네. 이메일에는 감정이 전달되지 않기 때문에 자칫 사무적이거나 호전적이라는 오해가 생길 수도 있다네. 그래서 그는 중요한 일은 가능한 직접 만나거나, 전화를 이용해서 상대의 표정이나 목소리의 톤을 감지하는 오감을 전부 활용해야 한다고 말했다네. 또한 저자는 치아에 문제가 있어서 발음이 좋지 않을까 염려가 되어서 강연이나 강의 전에 미리 강의 내용을 녹음해서 들으면서 수정을 했다고 하네. 그래서 억양이나 말의 빠르기 같은 문제점을 고치려고 노력했다고 하네. 이 정도의 정성이 있어야 상대방의 신뢰를 얻을 수 있다는 생각이 드네.

이번 편지에서는 인간관계의 중요성에 대해서 이야기를 해 보았네. 여기에서 내가 언급한 이야기는 공학 조직에 있어서의 인관관계에 국한된 것처럼 보이지만, 사실 인간관계는 우리의 모든 관계, 즉 배우자, 자녀, 친척, 친구 모두에게 적용된다네. 이제 튼튼이 좋은 인간관계를 만드는 원리와 관련된 다양한 정보를 통하여 직장에서 좋은 인간관계를 유지하는 사람이 되기를 바라네.

무더운 여름 건강 조심하게나.

답장 전체답장 전달 | 삭제 스팸차단 안읽음 | 이동 ▾ 더보기 ▾

☆ 여덟 번째 메일

공학과

인문학

— ☐ ✕

답장 전체답장 전달 | 삭제 스팸차단 안읽음 | 이동 ▾ 더보기 ▾

☆ 책 읽는 공학자

2023. 9. 4. (월) 14:37

︿ 보낸사람 한귀영
받는사람 H군

• 공학자도 사람이다

공학자는 매우 바쁘다네. 앞서 이야기했듯이 공학자는 프로젝트의 중요한 제한 요소인 '일정'이라는 족쇄 때문에 항상 바쁘게 행동한다네. 게다가 공학과 관련된 전문 지식이 기하급수적으로 늘어나다 보니 이런 새로운 지식을 습득하는 데만도 시간이 부족한 실정이지. 아이폰이나 갤럭시 같은 핸드폰의 발전 속도만 보더라도 매년 새로운 기능을 갖춘 핸드폰을 생산해 내기 위해 공학자들이 얼마나 바쁜 일정을 소화해 냈을지 충분히 상상이 갈 걸세. 이렇게 바쁘게 하루를 보내는 공학자에게 인문학에 관심을 갖고 책을 읽으라는 것은 매우 버거운 일이네.

하지만 우리가 삶에서 궁극적으로 추구하는 행복은 결코 직업적 일에서의 성공만으로 채워지지는 않는다네. 다시 말해 삶이라는 긴 여정에서 직업적 성공이 곧 우리 인생의 성공을 의미하는 것은 아니라는 뜻이네. 우리는 공학자이기 전에 한 인간임을 항상 기억해야 하네. 우리가 전문적인 일에 몰두하면 할수록 우리는 그것에 몰입되어 삶의 다른 부분을 살펴볼 여유를 갖지 못하게 된다네. 내가 창의적이고, 혁신적인 공학자로 성장하고자 하는 자네에게 얼핏 공학과 관련이 없어 보이는 인문학 이야기를 꺼내는 이유가 바로 여기에 있다네.

일찍이 이 문제를 인식한 사람은 바로 영국의 과학자이자 소설가인 찰스 퍼시 스노(Charles Percy Snow)라네. 1959년 영국 케임브리지 대학의 리드 강연(Reed lecture)에서 찰스 퍼시 스노는 '두 문화와 과학 혁명'이라는 주제로 다음과 같이 말했다네.

> 우리 사회는 공통의 문화라는 겉치레조차도 잃어버렸다. 최대로 집중적인 교육을 받은 사람조차 지적 관심이라는 면에서 서로 의사소통을 할 수 없게 되고 말았다. 이것은 창의적이고 지적인, 무엇보다 윤리적인 삶에 심각한 일이 아닐 수 없다. 이는 과거를 잘못 해석하고, 현재를 잘못 판단하고, 미래에 대한 희망을 부정하도록 이끈다. 이는 우리가 제대로 행동하기가 어렵거나 불가능하게 만든다.

이 강연의 핵심은 사회에 영향력이 있는 두 집단 간에 원활한 소통을 위해서는 인문학 전공자는 과학, 공학적인 주제에 대해, 그리고 공학자는 사회 연관성과 가치에 대한 인문학적 고려가 필요하다는 것이네. 이것은 인문학과 과학이 서로의 학문에 대해 배타적이고 몰이해하고 있다는 비판이라고도 할 수 있네. 퍼시 스노의 강연 후 70년이 흘렀지만 그가 주장한 두 문화의 만남은 아직도 이루어지지 않고 있는 실정이네. 우리는 지금 수많은 문화와 정보가 교류되는 복잡하고 불확실한 시대를 살고 있네. 이럴수록 소통의 중요성은 더욱 강조되어야 한다고 생각하네.

소통은 말이나 감정의 교류뿐만 아니라 지식의 교류도 포함되기 때문에 서로 다른 전공의 언어로는 소통이 불가능하다네. 그리고 인문학, 사회과학 그리고 자연과학과 공학은 우리 사회를 구성하는 두 개의 큰 문화이기 때문에 서로의 학문에 대한 이해는 바로 이 두 문화가 소통할 수 있는 지름길이라고 할 수 있네. 그래서 자연과학이나 공학을 하는 사람이 셰익스피어의 『리어 왕』을 읽고, 인문학, 사회과학을 직업으로 하는 사람들이 '열역학 제2법칙'을 이해하는 것과 같이 서로의 영역에 대한 기본적인 개념의 인식이 필요하다는 것이네. 그래야만 인생 전반에 대해 자신만의 다양한 인식의 틀을 가질 수 있게 되고 직업적인 삶뿐만 아니라 인생 전반의 삶을 잘 영위해 나아갈 수 있게 된다네.

특히 공학자들이 인문학을 해야 하는 몇 가지 이유가 있는데, 개인적으로는 삶에서 종종 찾아오는 공허감이나 허무감을 극복하는 수단으로서 인문학이 유용하다고 생각하네. 우리는 엄청난 직업적 성취에도 불구하고 종종 허무나 외로움을 느끼게 되기 때문이라네. 이렇듯 우리는 살아가면서 필연적으로 인간의 근원적 질문인 삶의 의미, 공허, 죽음, 실존 등에 직면하게 된다네. 그런데 다행히도 여러 인문학 책을 통해 이런 근원적 질문에 대한 과거의 경험적 사색이나 인생의 고민에 도움이 되는 글을 만나게 되고, 그것으로 위로와 위안을 얻을 수 있으니 참으로 다행스러운 일이 아닌가? 이것이 자연과학이나 공학을 직업적으로 수행하는 사람들에게 인문학이 필요한 이유라고 할 수 있네.

마찬가지 이유로, 인문학이나 사회과학을 전공하는 사람들 또한 자신의 직업적 영역이 전문적으로 확대되고 심화될수록 필연적으로 자신의 정신적, 비물질적 영역에만 집중하게 되지. 하지만 우리 사회는 부정할 수 없는 물질 사회이며, 이 사회는 여러 가지 동력 장치, 에너지 장치, 정보 통신 그리고 각종 운송 수단에 의존하고 있다네. 그래서 지혜롭고 합리적인 사회생활을 하려면 물질문명의 기본이 되는 과학적, 공학적 사실을 어느 정도는 이해해야만 한다네.

예를 들어 코로나와 관련된 거짓 정보에 속지 않으려면 최소한의 생물학적 지식이 필요한 것처럼 말이네. 또 어떤 자동차가 보다 환경 친화적인지 알려면 기초적인 열역학적 지식이 필요하다네. 지구 온난화나 신재생 에너지에 대한 거짓 정보에 속지 않으려면 과학적, 공학적 지식이 인문학자들에게도 반드시 필요하다는 것이네. 그래서 인문학 전공자에게는 과학과 공학이, 공학자들에게는 인문학 공부가 필요한 것이라네.

• 공학과 인문학

앞서 이야기한 인간의 실존적 질문인 허무, 공허함의 극복뿐만 아니라 공학자가 인문학을 가까이 해야 하는 이유는 또 있다네. 하지만 대다수의 공학자들은 이런 이유들에 부정적인 반응을 보일 것이네. 즉 공학에 관련된 전공 지식을 습득하고 이해하기도 부족한 시간에 왜 다른 분야에 시간을 낭비해야(?) 하는가 하는 것이 대부분의 공학자들의 반응일 걸세. 앞서 '공학자도 사람이다'라는 부분에서 인문학의 가치에 대해 이야기했지만, 추가적으로 교양과 소양이라는 측면에서 더 설명을 하고 싶네.

사전적 의미의 교양은 '지속적인 교육, 세련된 취향과 감정, 문화를 구성하는 예술'로 정의한다네. 사실 공학자들이 갖는 이미지는 세련됨이나 예술 등과는 거리가 멀어 보인다는 고정 관념이 있네. 오늘날 현존하는 문명과 문화는 공학을 기초로 하고 있는데도 불구하고 공학자들이 현대 사회의 교양에서 동떨어졌다는 것은 아이러니가 아닐 수 없다네. 하지만 공학자에게 교양은 여러 가지 의미에서 필요한 소양이라네. 특히 성공적인 공학자가 되고자 한다면 더욱 필요한 영역이네. 이와 관련하여 미국의 토목 공학자이자 공학에 관련된 몇 권의 저서를 서술한 새뮤얼 플러먼은 엔지니어가 인문학을 공부해야 하는 이유를 몇 가지로 요약해 설명하고 있네.

첫째 지적 역량을 향상시키고 상상력을 넓히기 위해서, 둘째 리더십에 필요한 자질과 인성을 개발하기 위해서, 셋째 새로운 지식과 통찰, 그리고 아름다움을 음미하는 능력으로 개인의 삶을 풍성하게 하기 위해서, 넷째 공학 직종의 위상을 높이고 사회에서 직업적으로 존경받기 위해서, 마지막으로 공공의 이익에 기여하기 위해서라고 말했네. 특히 그는 교양의 핵심이 되는 인문학은 역사, 문학, 철학, 미술, 음악이라고 하였네.[35]

이렇듯 공학자의 인문학적 소양에 대한 중요성이 점점 공학자들 사이에 확산되면서 최근에는 인문학적 소양을 갖춘 공학자들 또한 증가하고 있다네. 이제 우리가 잘 알고 있는 과학자나 공학자 중에서 인문학을 사랑한 사람들을 만나보도록 하세.

그 유명한 물리학자 아인슈타인은 스피노자에 빠져 있었고, 모차르트와 베토벤에 열광했으며 역사와 문학, 철학 에세이를 읽고, 명상적인 산문을 쓰고, 아울러 뛰어난 바이올린 연주자로도 유명하였다네. '불확정성 원리'로 유명한 독일의 물리학

---

35 엔지니어의 인문학 수업, 새무얼 플러먼, 김명남 옮김, 유유, 2014

자 하이젠베르크는 플라톤을 읽고 고대 그리스인의 원자이론에서 영감을 얻었다고도 했고, 또한 괴테에 흠뻑 빠지기도 했다네. 독일인의 괴테 사랑은 당연지사이기도 하지. '원자탄의 아버지'라 불리는 물리학자 오펜하이머는 단테를 연구했고 소설가 프루스트의 작품을 읽고 토론에서 이를 인용했다고 하더군. 모스 부호로 유명한 미국의 발명가 새뮤얼 모스는 전신에 관심을 갖기 전에 화가 겸 전미 디자인 아카데미 원장이었다네. 19세기 초반 미국 최고의 엔지니어 가운데 한 명이었던 건축가 벤저민 라트로브는 뛰어난 수채화가였고, 유명한 교량 건설자 데이비드 스타인만은 문학 석사 학위까지 받았다네. 화학공학자 시어도스 머츠는 전기제조사 관리로 일하면서 총 4권으로 구성된 『19세기 유럽사상사』를 저술했다네. 24세의 나이에 스타워즈 프로그램의 핵심 요소인 레이저 장치를 개발한 피터 하겔슈타인은 MIT 심포니 오케스트라에서 바이올린을 연주했고, 프랑스 소설을 원본으로 읽는 취미를 가지고 있었다고 하네.[36]

새뮤얼 플러먼은 자신이 이상적으로 생각하는 낭만적인 공학자를 이렇게 묘사했다네.

책 읽는 엔지니어, 그림을 그리고, 장미를 키우고, 화석을

---

36 앞의 책

모으고, 시를 쓰는 엔니지어, 얼마나 인간적인 모습입니까? 그들은 멋진 음악과 향기로운 포도주 그리고 매력적인 여성과 함께 있는 시간도 즐깁니다.

어쩐지 익숙하지는 않지만 한 번쯤 살면서 해보고 싶은 매력적인 공학자의 모습이라 생각되지 않는가? 이쯤에서 우리나라의 공학자들이 인문학을 가까이 하는 데 방해가 되는 우리 사회의 구조적인 문제점을 이야기하고 싶네.

사실 인간은 누구나 행복하게 인생을 즐길 권리가 있다네. 하지만 우리는 종종 그것을 누리는 방법을 잘 모를 때가 있다네. 우리나라는 대학 입시라는 하나의 괴물이 삶에 많은 상처를 준다고 생각하네. 나 또한 자식을 키우면서 가장 어려웠을 때가 자식들이 대입을 앞둔 시기였다고 생각하네. 너무나 잘 알려져 있는 대학 입시 제도의 부작용은 그 해결 방안 또한 너무 오랫동안 작동하지 않고 있다는 것 역시 누구나 잘 알고 있는 사실이라네. 하지만 대학 입시가 명문대 입학과 성공, 취직, 결혼에 큰 영향을 미치기도 하지만 한 사람의 일생에서 누릴 수 있는 몇 가지 즐거움을 빼앗기도 한다네.

서울대학교 정치외교학과 김영민 교수는 『아침에는 죽음을 생각하는 것이 좋다』라는 저서에서 입시의 후유증은 "학생들이 공부에 질려서 더 이상 공부에 흥미를 가지지 못하게 하고 대학 입시로 공부가 다 끝났다고 생각하게 하고, 더욱 중요한 점은 더 이상 자신이 몰랐던 새로운 분야에 대해 공부하려는 시도조차도 않는다"는 것이라고 꼬집고 있네.[37] 참으로 적절한 지적이라고 생각하네. 또한 사회적으로 지속되어 온 암묵적인 관습 때문인지는 몰라도 부모 또한 자식이 대학에 입학하는 순간 고등학교 시절에 보여준 자녀에 대한 관심과 지원에서 졸업하기 때문이라고 할 수도 있네. 사실 나는 대학 입시가 끝난 후 시험이 목적이 아닌 순수한 즐거움을 목적으로 하는 공부를 하기에 가장 적절한 시기가 바로 대학 시절이라고 생각한다네. 어쨌든 우리나라의 입시 구조가 책을 읽지 않는 학생들을 만들어 낸다고 할 수 있네.

누구나 살면서 일과 휴식은 필요하다네. 일이 생존과 생활에 필요한 경제력을 확보하도록 투자하는 시간이라면, 휴식은 풍요로운 삶을 위하여 투자하는 시간이지. 풍요로운 삶이라고 했지만 어찌 보면 다양한 취미 활동으로 보는 것이 적절하다고 보네. 인생을 즐긴다, 삶을 향유한다, 여유를 갖는다는 것은 모두 돈을 벌기 위함이 아니라 돈 이외의 다른 목적을 추구하기 위해 자신의 시간을 투자하는 것이네. 좀 더 높은 수준의 취미 활동으로는 봉사 활동이 있을 것이네. 삶을 누리기보다는 삶의 의미와 가치를 찾는 일이지. 물론 보통 사람들이 꾸준히 하기는

---

37 아침에는 죽음을 생각하는 것이 좋다, 김영민, 어크로스, 2018

어렵기도 하지.

우리 공학도들이 인문학적 소양과 교양을 쌓는 것이 공학의 결과물에 직접적으로 영향을 주는 것은 아니지만 삶의 올바른 가치와 의미뿐 아니라, 자신의 현재 위치를 인식하게 하고, 발전 가능성을 제시하고, 자신을 교정하고, 삶의 다양성을 깨우치는 데 큰 도움을 준다네. 게다가 종종 새로운 앎의 즐거움과 함께 자신의 감추어진 감성과 열정을 발견하기도 한다네. 우리가 대학 입시의 그 위태위태하고 조마조마했던 긴장감과 엄청난 압박감으로 청춘의 황금 시기를 소모했다고 여긴다면, 이제 잃어버린 시간을 다시 찾아와야 하지 않겠나.

긴장과 부담감 없이 느긋한 심정으로 여가 시간을 보내면 어떨까 하네. 시험이나 승진에 관련된 공부가 아니라 현재 하는 일과 전혀 관계없는 분야에 시간을 보내 보게나. 금기시되었던 만화책, 소설책, 시집을 모처럼 읽어 보게나. 직업적 성공에 몰두하여 몸과 마음이 소진된 후에 찾아오는 허무함, 상실감을 책과 여행으로 만회를 하는 걸세. 미술관, 음악회를 다니면서 아름다움을 음미하는 시간을 되찾는 것은 어떨까. 이런 활동을 자주 실천할 때 교양과 소양이 쌓이는 것이라네.

• 독서의 유용성

이제는 인문학적 소양을 갖추는 독서에 대하여 이야기를 하려고 하네. 독서가 좋은 취미 활동이라는 점은 누구나 다 알고 있는 사실이네. 하지만 인간의 읽는 능력은 타고난 것이 아니라 후천적 성취라네. 즉 읽기와 쓰기는 말하기나 듣기와는 다르게 꾸준한 노력이 필요하다는 의미라네. 그래서 독서의 시작에서 읽기라는 과정은 익숙해질 때까지는 어려움으로 다가온다네. 우리에게 잘 알려진 필독서나 명작 또한 모든 페이지가 감동을 주거나, 심금을 울리는 문장으로만 이루어져 있지는 않다는 것이네. 그래서 아무리 추천을 많이 받거나 유명한 책이라고 하더라도 처음에는 이런 지루함과 혼란함을 견디어 내야만 한다네. 이런 점들이 처음으로 책을 가까이 하려고 시도하는 사람들을 좌절하게 만드는 이유라네. 하지만 이 고비를 넘기면 독서는 우리에게 많은 것을 준다네. 특히 읽기를 통하여 비판적 사고나 개인적 성찰, 상상, 공감과 같은 인지 과정이 형성된다고 알려져 있네.

좀 더 전문적인 뇌 과학의 영역에서 볼 때, 우리가 단어 하나를 읽을 때마다 수천, 수만 개의 뉴런 작업군이 작용하여 책에 쓰인 한 줄의 문장이 우리에게 더없이 깊은 생각을 이끌어 낸다고 하네.[38]

여기 헤밍웨이가 쓴 매우 짧은 한 문장을 읽어보고, 이를 통해 자네의 상상력과 공감 능력이 어느 정도인지 테스트해 보

---

38 다시, 책으로, 매리언 울프, 전병근 옮김, 어크로스, 2019

게나.

For Sale: Baby Shoes, Never Worn.

(아기 신발 팝니다. 한 번도 사용해보지 못했습니다.)

여섯 단어만으로도 가슴 시린 감동이 전해지지 않았나? 이런 좋은 글들이 우리의 잠든 영혼을 흔들어 깨운다네. 이렇게 독서는 타인의 관점과 느낌을 갖게 해 준다네. 즉 타인과 소통하고 교감할 수 있는 능력을 갖게 해 주고 타인의 마음에 대한 공감과 이해를 통해 우리의 오만과 편견이 해소될 수 있게 도와주지. 특히 소설이나 시는 타인에 대한 연민이나 공감 능력, 상상력을 키워주는 훌륭한 가이드라고 할 수 있네.

세계적인 인기를 모은 판타지 소설 〈해리 포터 시리즈〉의 작가 조앤 롤링은 하버드 대학 졸업식 축사에서 이렇게 말했다네.

상상력은 모든 발명과 혁신의 원천이기도 하지만, 직접 경험하지 못한 타인의 경험에 공감하는 것입니다.

즉 독서는 우리의 상상력을 불러일으켜서 타인을 더욱 잘 이해하게 만든다는 것이네. 우리 각자는 자신의 경험과 정보와 읽은 책들의 조합이라고 볼 수 있네. 평생 우리가 인식한 모든 것들이 지식의 저수지에 더해지고, 우리가 읽는 모든 것을 이해하고 예측하는 능력의 기반이 되는 것이라네. 따라서 지식의 저수지가 커질수록 전문가로서 성장하는 것이라네. 공학이나 과학에서도 마찬가지로 배경 지식과 분석적 사고를 통한 견제와 균형이 사라진다면, 즉 추론과 연역, 비유적 사고의 기초가 부실해진다면, 불완전한 정보의 희생물로 전락하고 마는 것은 당연한 이치라네. 그래서 유명한 생화학자 루이 파스퇴르는 이렇게 말했다네.

행운은 준비된 정신에만 찾아온다.

그렇기 때문에 공학자는 다양한 책을 많이 읽고, 추론과 연역, 분석 능력을 길러야 한다는 뜻이네. 또한 읽기를 통해 삶에서 자신의 동기와 의도를 구분하게 되고, 다른 사람의 생각과 느낌도 명민하고 지혜롭게 이해하게 되면, 그것은 공감을 통한 연민의 토대가 되고 전략적 사고에도 도움이 된다네.

또한 젊은 시절에 성장시킨 인지적 끈기는 미래의 직장에서 논리정연한 보고서나 문서 또는 요약문을 쓰거나, 아니면 국민 투표, 법원 판결문, 의료 기록, 유언장, 탐사 보도, 정치 후보의 개인 기록 등의 가치를 평가하거나, 더 나아가 가짜 뉴스와 보도를 둘러싼 논란 속에서 진실과 거짓을 구분할 때에도 필요한 능력일 것이네.

이외에도 책을 읽는 이유는 너무나 많다네. 유명 작가들은 우리의 생각에 더없이 큰 자극을 주고, 개인적으로는 나의 상상 너머, 나의 지식과 인생 경험 밖에 있는 것을 엿볼 수 있는 공간으로 들어가게 해 준다네. 미국 시카고 대학 철학과 교수이자 윤리학과 여성 인권 전문가인 마사 누스바움은 다음과 같이 말하며 독서의 의미를 설명했다네. 이는 독서에 대한 품격 있고, 교양있는 평가라고 생각하네.

> 읽는 삶은 정보를 지식으로, 지식을 지혜로 바꿔주는 것입니다. 우리가 지닌 최고의 지적 능력과 공감 능력을, 덕성을 위한 능력과 결합하는 것이야말로 우리 종이 지속되어 온 비결입니다.

이렇듯 독서는 우리가 상상하는 것 이상으로 우리의 성장을 돕는 중요한 수단이라네. 자, 이제 자네도 책을 읽고 싶은 마음이 생겼는가?

우리가 책을 읽어야 하는 또 다른 이유는 바로 공학자에 대한 부정적인 사회적 평가 때문이기도 하네. 미국의 사상가 랠프 월도 에머슨은 당시의 기술 전문가에 대하여 이렇게 말했네.

> 위대한 기예와 하찮은 인간. 발명가들은 보라. 저마다 재주가 출중하다. 저마다 어느 정도 타고난 천재성이 있다. 그러나 위대한 마음에서 비롯되는 위대하고 균형 잡힌 두뇌

는 볼 수가 없다.[39]

공학자는 수학과 공식만을 가지고 세상을 본다. 공학자는 남들과 어울리기를 꺼려 한다. 평범한 언어를 사용하기보다는 전문 용어를 많이 사용한다. 모든 것을 결과로 평가하려고 한다. 계산적이고 판에 박힌 사고만 한다. 공학자는 재미는 없지만 믿을 만하다.

공학자에 대해 일반적으로 알려진 이러한 편견과 선입관은 어떤 면에서 공학이라는 일 자체에서 기인한다고 볼 수 있네. 공학은 기본적으로 사람보다 사물을 이해하는 일이라네. 따라서 인간적인 요소보다는 물질과 관련된 사항에 더 관심을 가질 수밖에 없지. 하지만 잘 알다시피 공학의 최종 목표는 인간의 삶에 배어들어 우리 삶을 전체적으로 개선시키는 것이네. 따라서 공학자는 가장 먼저 사람을 이해해야 한다네.

즉 우리를 둘러싼 타인뿐만 아니라 우리 자신에 대해서도 이해의 폭을 넓혀야 한다네. 로켓 설계를 하는 항공 공학자, 어려운 반응기 설계를 하는 화학 공학자, 복잡한 통신 회로를 설계하는 전자 공학자를 괴롭히는 것은 일에 대한 전문 지식 부족

39 엔지니어의 인문학 수업, 새뮤얼 플러먼, 김명남 옮김, 유유, 2014

이 아니라 일반 가정사가 더 큰 영향을 미친다는 것이네. 부모나 배우자, 자녀와의 관계, 친구와의 관계, 삶의 의미에 대한 고민 등 지극히 일상적인 사람들이 겪는 문제들이지. 따라서 우리 공학자들도 인간에 대한 연구가 필요하다네. 그러니 책이나 영화를 통하여 간접적으로 터득한 다른 사람들의 문제 해결 방식을 자신의 문제 해결에 적용해보는 것도 한 방법이 될 걸세.

• 인간은 사회적 존재이다

우리는 홀로 존재할 수 없는, 사회적 존재라는 것은 너무 자명한 사실이네. 그래서 사람들이 함께 하는 사회 공동체에서 좋은 인간관계는 생존과 행복에 필수적인 요소이네. 따라서 우리가 공동체에서 만족스런 관계를 유지하기 위해서 필요한 것들은 마찬가지로 공학 조직에서도 유효하다고 생각하네. 사람과의 관계는 어디에서나 보편적이기 때문이네. 그래서 모든 공학 조직에서도 인간관계는 일상의 조직과 유사한 원칙들이 적용된다고 여길 수 있네. 즉 의사소통과 배려, 존중은 어느 조직에서나 가장 중요하다고 할 수 있네.

공학 조직에서 의사소통의 어려움은 일반적으로 두 가지 차이에서 출발한다네. 하나는 조직 안에서 각자 전공의 차이, 다른 하나는 성장 과정에서 형성된 문화적 차이라네. 이렇게 배경이 다르고, 전공 분야가 다르면 함께 하는 일의 처리에서 오해와 갈등이 발생하는 것은 필연적이라네. 따라서 서로 다른 문화적 배경에 기인하는 다름을 이해하려고 노력해야 상대방과의 소통이 수월해진다네. 그리고 배려와 존중은 기본적으로 같은 품성에서 시작한다고 볼 수 있네. 배우려고 하는 겸손한 자세는 자연스럽게 상대방에 대한 존중으로 표현된다고 생각하네. 자네도 알다시피 인간은 누구나 남에게 인정받고 싶은 욕망이 있다네. 그래야 자신의 존재 가치를 느낄 수 있기 때문이지. 그래서 당부하고 싶은 말은 자네가 남에게 존중받고 싶으면 먼저 남을 존중하라는 것이네. 마찬가지로 남에게 배려를 받고 싶으면 남을 먼저 배려하면 된다네. 지극히 단순한 말이지만 실제로 실천하기는 결코 쉽지 않지.

하지만 이 말을 기억하고 실천하고자 노력하면 언젠가는 원만한 인간관계를 유지하고 있는 자신을 발견하게 될 걸세. 직장에서의 인간관계뿐만 아니라 일상생활에서도 인간관계는 중요하다네. 그래서 인간의 본성이나 심리를 잘 알면 알수록 좋은 관계를 유지하는 데 도움이 된다네. 우리는 소설이나 영화에서 다양한 성격의 주인공들이 겪는 인생의 여러 모습들을 보게 되지. 사실인 듯 사실이 아닌 듯한 소설 속 이야기는 종종 우리에게 인간에 대한 이해와 연민을 가져다준다네. 역사책 속의 주인공들이 겪는 결정과 판단의 어려움에서 우리는 인간적 연약함과 고통스러움을 본다네. 그리고 철학자들이 쓴 어려운 책을 통해서는 인간의 위대한 정신세계와 통찰을 볼 수 있다네. 결국 우리는 인간의 다양한 모습을 알고, 이해하고, 이를 통하여 현재 우리 모습을 볼 수 있다고 할 수 있지. 그로부터 우리가 처한 어려움에서 어떤 행동이 필요한지 알게 된다네. 우리는 공학자이기 이전에 대중 속 한 사람이고, 사회의 구성원 중 한 사람임을 알고, 인간에 대한 이해의 폭을 넓히려고 노력한다면 갈등과 오해를 피할 수 있을 걸세.

• 공학자의 윤리 규범과 이윤 추구

공학은 전문직이고, 엄연한 하나의 직업이네. 따라서 우리는 공학이라는 직업의 윤리적 측면과 인간적 측면을 반드시 생각해 봐야 하네. 그런데 이윤 추구는 공학의 본질이 아니네. 엔지니어에게 이윤만이 동기 부여의 원천은 아니라는 것이네. 공공사업에서는 많은 엔지니어들이 적은 월급으로도 업무와 성과에 만족감을 느끼고 있다네.

앞서 5장의 프로젝트에 관한 이야기 중에서 공학자의 직업 윤리에 대하여 언급했는데, 인문학적인 소양을 쌓을수록 우리는 대형 프로젝트가 사회에 미치는 영향에 대해서 보다 합리적이고 윤리적이며 도덕적 결정을 내릴 가능성이 높다고 할 수 있네. 왜냐하면 많은 인문학 책들이 인간의 오만과 망상을 경계하는 이야기를 하거나, 자연과 인간의 공생을 이야기하거나, 미래의 불확실성에 대한 다양한 예측들을 보여주기 때문이네.

예를 들면, 영국의 소설가 올더스 헉슬리가 1932년에 발표한 소설 『멋진 신세계』는 현재 우리 사회의 많은 부분에서 일어

나는 일과 우리의 미래를 예측한 소설이라고 할 수 있네. 헉슬리는 이 소설을 통하여 과학 기술, 특히 생명 공학의 부도덕적하고 비윤리적인 측면에 대해 엄중한 경고를 보내고 있다고 할 수 있네. 이렇듯 인간의 불완전성에 대해 문학의 경고는 우리가 공학적 프로젝트를 수행함에 있어서 좀 더 윤리적이고 도덕적인 판단을 하는 데 큰 도움을 준다고 할 수 있다네.

한편 유명한 프로 야구선수와 연예인, 변호사와 주식 중개인 등이 일의 가치에 비해 상대적으로 더 많은 돈을 버는 반면, 교사와 판사, 간호사 등의 월급이 충분치 않다는 것은 공공연한 사실이네. 하지만 그럼에도 불구하고 그들이 자신의 일을 묵묵히 하는 이유 중의 하나는 아마도 자신의 직업에 대한 소명의식과 도덕적, 윤리적 판단에 의한 것이라고 생각하네. 따라서 엔지니어 또한 이런 소명의식과 도덕적, 윤리적 판단에 기초한다면 지나친 이익 추구나 도덕적 해이를 가져오는 일은 없을 것이라 생각되네.

특히 최근 인공지능을 비롯한 IT 산업의 폭발적인 성장으로 큰돈을 버는 벤처 공학자의 이야기가 자주 언론에 나오곤 하는데, 이런 기사를 접하게 되면 누구나 자신의 공학적 기술로 큰돈을 벌고 싶다는 욕심이 생기게 된다네. 하지만 이런 시류에 흔들리지 않고 공학이라는 큰 틀에서 직업적 목적과 가치에 대한 현명한 판단으로 지나치게 이익을 추구하는 모습을 보이지 않길 바라네.

이번 편지는 독서에 대한 이야기를 너무 많이 한 것 같네. 하지만 내가 이렇게 독서에 대해 장황하게 이야기를 하는 이유를 자네가 잘 헤아릴 것이라 믿네.

어느덧 책 읽기 좋은 계절이 돌아왔네.

Send

답장 전체답장 전달 | 삭제 스팸차단 안읽음 | 이동 ▾ 더보기 ▾

☆ 아홉 번째 메일

공학자로 성공한다는 것

Send

답장 전체답장 전달 | 삭제 스팸차단 안읽음 | 이동 ▾ 더보기 ▾

☆ 공학자의 자부심과 책임감

2023. 10. 25. (수) 20:41

보낸사람 한귀영
받는사람 H군

오늘 편지가 아마도 자네에게 보내는 마지막 편지가 될 것 같네. 그동안 보낸 내 편지가 자네의 앞날을 설계하는 데 작은 도움이라도 되었으면 하는 마음이네. 오늘 편지는 책 대신 어느 유명 배우의 이야기로 시작해 볼까 하네.

> 저는 모든 분들께서 부자가 되시고 유명해져서 꿈꾸었던 모든 걸 해 보셨으면 좋겠습니다. 그러면 아시게 될 거니까요. 아, 이게 정답은 아니구나 하고 말이죠.

한 시대를 풍미했던 배우이자 영화 《마스크》로 유명한 코

미디 영화의 제왕으로 불리는 짐 캐리의 말이라네. 그가 자신의 성공 정점에서 내려온 후에 그동안 누린 많은 것을 되돌아보며 한 말이네. 그러니 진정성을 의심할 여지가 없을 걸세.

우리에게 행복, 성공에 대한 막연한 열망과 욕구는 있지만 내가 진정 원하는, 그리고 내가 바라는 행복과 성공에 대한 구체적인 정의는 없는 것이 일반적이네. 그래서 다른 사람들이 앞서 규정한 성공이나 행복에 대한 정의를 살펴본 후에 자신만의 행복에 대한 정의를 만들어보고, 이를 되새기면서 자신의 일과 삶을 되돌아보도록 하세.

우선 공학자로 성공한다는 것은 무엇을 의미할까? 시대마다 성공에 대한 정의는 다를 것이네. 국어사전을 보면 성공은 '목적하는 바를 이룸'이라고 정의하고 있네. 그렇다면 일반적으로 공학자들이 추구하는 성공, 또는 목적의 성취는 무엇일까?

성공은 무엇보다 행복과 직접적인 연관이 있다네. 행복에 관한 많은 글들이 자신이 추구하는 일과 성공을 행복과 연관 짓고 있는 것을 보면 말일세. 그래서 성공에 앞서 행복에 대해 먼저 살펴보려 하네. 행복에 관한 가장 고전적인 내용은 아리스토텔레스의 『니코마코스 윤리학』에 잘 나와 있네.[40]

이 책은 아마도 행복에 대한 가장 고전적이고, 철학적 통

---

40 니코마코스 윤리학, 아리스토텔레스, 손명현 옮김, 동서문화사, 2007

찰이 빛나는 책일 것이네. 아리스토텔레스는 인간의 행위가 궁극적으로 지향하는 목적은 행복이라는 것이고, 그 행복이란 인간의 고유한 기능이 탁월하게 발휘되는 품성 상태인 덕(virtue)에 따른 활동이라고 이야기하고 있다네. 비록 철학적 논고와 해박한 용어로 가득 차 있지만, 우리에게 중요한 덕목인 지혜, 용기, 절제, 정의를 다시 일깨워주고, 동양의 핵심 사상이라고 할 수 있는 중용의 덕 또한 강조하고 있다네. 이것이 지나치게 철학적이고 현학적으로 들리는가? 그럼 행복은 자신의 능력을 최대한으로 발휘하는 것으로 일단 이해하도록 하세. 행복을 고전적 의미로 되새기는 것은 자신의 경력을 쌓아가면서 자신이 바라는 바람직한 모습을 유지하는 데 도움을 준다네. 우리는 끊임없이 자신을 뒤돌아보고, 발전하고, 개선하기 위해 게으르지 않게 최선을 다해야 한다네.

몇 년 전 나온 책으로 인생의 성공에 관한 새로운 통찰을 보여준 또 하나의 책을 소개하고자 하네. 미국의 유명한 뉴스 사이트인 《허핑턴 포스트》를 만든 아리아나 허핑턴의 저서 『제3의 성공』이네.[41] 이 책에는 성공과 행복에 관한 흥미로운 내용들이 많이 담겨 있다네. 앞서 짐 캐리가 말했듯이 성공은 부와 권력이 아니라는 것이지. 저자 허핑턴은 새로운 미디어의 창업

---

41 제3의 성공, 아리아나 허핑턴, 강주헌 옮김, 김영사, 2014

자이자 가장 영향력 있는 저널리스트로 성공하여 찬사를 받고 있던 그 정점에서 수면 부족으로 쓰러져 병원으로 실려 갔다네. 그 후 그녀는 자신의 삶이 정말 성공한 삶인지 되돌아보기 시작했지. 그녀는 성공의 의미를 재정의하고 몇 가지 진정한 기준을 제시하였다네.

첫 번째는 명상과 마음 챙김을 통한 웰빙, 두 번째는 직관과 내면의 지혜를 활용하는 능력, 세 번째는 경이로움을 느끼는 여유, 마지막으로 다른 사람과 공감하고 조건 없이 베푸는 마음이라는 것이네. 그녀는 이 책에서 몇 가지의 통찰을 보여주었다네.

삶의 목적이 돈을 벌고, 남에게 인정받는 게 전부일까?

큰 위기가 닥치면 조금 전까지 중요하게 여겨왔던 작은 위기들은 쉽게 잊힌다는 진리는 우리가 영원할 거라고 생각하는 것들의 대부분이 덧없는 것임을 깨닫게 해주고, 우리가 당연하게 여기는 것의 가치를 다시 생각하게 만드는 진리이다.

내가 숲속에서 숲 밖의 어떤 일을 생각한다면 숲속에 있다는 것이 무슨 소용이 있겠는가?

자신의 분야인 언론사에서 정상에 올라간 후에 그녀는 자신의 깨달음을 이렇게 이야기했다네.

> 세상이 정해놓은 기준에 따라 성공을 끊임없이 좇으면서 건강과 인간관계를 해치는 삶을 끝내고, 풍요로움과 기쁨, 그리고 놀라운 가능성을 모색하는 삶을 살아야 한다. 우리 자신의 본질을 잃지 말고 자신을 돌보며, 다른 사람에게 먼저 친밀하게 다가가고, 잠시 모든 일을 멈추고 경이로움을 느껴야 한다.[42]

이 역시 자신의 직업적 성공의 정점을 겪어본 사람의 경험담이니 우리에게 시사하는 바가 클 것이네. 이제 조금 범위를 좁혀서 공학에 관련된 성공에 대해 알아보도록 하세. 『여성 공학자로 산다는 것』의 저자 슬로컴은 일에서의 성공은 돈, 권력, 명예가 아니라 직장에서 자신의 직업적 경쟁력, 좋은 인간관계, 그리고 자율성이라고 말했네.[43] 저자는 6장에서 이야기한 여성 공학자를 대변한다고 할 수 있으며, 그녀가 건축 공학자로 겪은 이야기는 여성 공학자들에게는 더욱 공감하는 바가 클 것이네.

---

42 앞의 책

43 여성 공학자로 산다는 것, 스테파니 슬로컴, 한귀영 옮김, 성균관대학교 출판부, 2019

한편 우리나라의 대표적인 공학자들은 어떤 목표를 가지고, 어떤 모습으로 성공에 이르는지 살펴보는 것도 흥미로운 일이라 할 수 있지. 『세계를 이끄는 한국의 창조적 공학자들』은 우리나라를 대표하는 학자 29명의 삶과 그들의 신념, 그리고 성공 스토리에 대해 서술하고 있네.[44] 책에 소개된 29명의 공학자들은 문화적, 환경적, 학문적 배경이 모두 다르다네. 또한 그들의 대학 입학 성적은 천차만별이었지. 그럼에도 불구하고 그들이 성공한 것은 성적이나 IQ가 아니라 공학에 대한 열정, 집념, 끈기, 성실함이었지. 성공한 공학자들은 모두 지루한 반복을 견디어 내는 끈기가 있었다네. 연구는 계속해서 정답이 없는 문제를 푸는 과정이며, 많은 시간을 꼬리에 꼬리를 무는 생각 속에서 보내야 한다네. 이것은 때론 고통스럽기도 하지만 연구에 대한 끈기 있는 이런 집중은 성취감으로 보상받게 된다네.

돈이나 명예, 그리고 권력이 주어질 것이라 생각되는 의대, 법대, 경영대에 진학할 수 있는 성적임에도 공학도의 길을 택한 것은 자신만의 내부에서 꿈틀거리는 탐구욕과 성취욕을 충족시키기 위함이라고 할 수 있네. 그것은 또한 열정을 동반한다네. 열정이란 자신이 하는 일의 소중함을 잘 인식하는 것이네.

---

44 세계를 이끄는 한국의 창조적 공학자들, 오현석 외, 서울대학교 출판문화원, 2009

성공의 또 다른 요인은 바로 도전적 과제를 수행한다는 것이지. 사실 연구 과제가 너무 쉬우면 지루함을 느낄 수 있다네. 도전적 과제는 난이도가 높고, 새롭고, 장기적이고, 지적 호기심을 자극하는 특징이 있다네. 또한 그들은 현장 경험의 중요성을 잘 인식하고 있지. 공학 현장은 연구자를 인격적으로 성숙시키고, 팀원으로서 협동 능력을 키워준다네. 부족한 사회성도 현장 경험을 통하여 성숙한 인격체로 성장시켜 준다네. 또한 현장을 경험하면 작은 주제를 가지고 연구를 해도 큰 숲을 볼 수 있는 안목이 생긴다네.

추가적으로 성공한 사람들의 특징은 자신이 모르는 것을 다른 사람에게 묻기를 두려워하지 않고 항상 배우려는 자세라네. 마지막으로 기술 융합 시대를 맞이하여 학문의 경계를 넘나드는 연구를 한다는 점이라네. 학문의 경계를 넘나들기 위해서는 인문학적 소양이 필요하고, 인문학적 소양은 세계의 트렌드를 이해하는 데 도움을 주며 연구의 철학적 기초를 제공해 준다네.

또한 공학의 성공에는 인류에게 헌신한다는 것을 실천하는 것도 포함된다네. 공학은 실용성을 추구하는 학문으로 알려져 있지. 즉 사람들에게 이목을 끄는 잘 팔리는 물건이나 구조물을 창조하는 것이지. 하지만 또 다른 형태의 공학이 있는데 그것은 '베푸는' 공학이라네. 즉 인류 사회에 기여하는 방향으로 연구를 한다는 것이지.

자네는 '적정 기술'이라는 말을 들어보았나? 적정 기술이란 그 기술이 사용되는 사회 공동체의 정치적, 문화적, 환경적 조건을 고려하여 해당 지역에서 지속적인 생산과 소비가 가능하도록 만들어진 기술이라네. 주로 아프리카나 남미, 동남아시아처럼 경제력이 약한 나라들에서 활용되는 기술을 연구하는 것이네. 이런 기술은 대단위 자본을 기반으로 대량의 제품을 생산하는 거대 기술과 달리, 현지의 재료와 적은 자본, 간단한 기술을 활용하여 그 지역 사람들에 의해 이루어지는 소규모의 생산 활동을 지향하는 기술이라네.

대표적인 적정 기술로는 수질이 나쁜 물을 바로 필터로 정화해 마실 수 있도록 한 라이프스트로(Lifestraw, 생명 빨대), 전기 없이 낮은 온도를 유지할 수 있는 팟인팟 쿨러(Pot-in-Pot cooler, 항아리 냉장고), 수원으로부터 물을 끌어 올릴 수 있게 제작된 수동식 물 공급 펌프(Super Moneymaker Pump), 그리고 개발도상국 어린이들에게 정보와 교육의 기회를 주기 위해 저렴한 가격으로 제작된 XO-1 컴퓨터 등을 들 수 있네.

이런 기술이야말로 제3세계와 선진국 사이의 기술적, 경제적 격차를 바람직한 방식으로 해결할 수 있는 도구라고 할 수 있지. 그래서 이러한 기술을 '인간의 얼굴을 한 기술'이라고 말하기도 한다네. 이런 공학적 연구를 통하여 인류에 공헌하고자 하는 공학자들을 우리는 주위에서 어렵지 않게 찾을 수 있다네. 결국 성공한 공학자들의 모습에서 찾을 수 있는 공통적인 요인은 바로 흥미, 열정, 헌신 등 정신적 가치라고 할 수 있네. 쉽게 말하자면 그들은 "좋아하는 일을 했고, 하는 일을 좋아했다"는 것이네.

이상의 것들이 공학에서 얻을 수 있는 다양한 형태의 성공에 대한 정의라고 할 수 있네. 이제 자네도 신념에 부합되는 성공의 요건들로 자신만의 성공의 정의를 만들면 되는 것이네. 그리고 스스로 그 성공의 길을 가고 있는지 자주 되돌아보면 된다네.

하지만 동시에 성공은 교만과 과도한 자기 평가로 이어질 수 있다는 점도 잊지 말기 바라네. 성공에 취해서 나락으로 떨어지는 일들은 비일비재하다네. 그러니 성공했다는 자만심은 결코 금물이라네. 아울러 실패는 자신에 대한 새로운 검토 기회를 주기 때문에 지나치게 열등감에 빠질 필요 또한 없다네. 왜냐하면 실패 또한 성공으로 가는 하나의 경로이며, 소중한 경험으로 남기 때문이라네.

• 자부심

공학은 그것의 엄청난 사회적 기여에도 불구하고 그에 상응한 대가를 받지 못하고 있는 것 같다는 것이 나의 평가라네. 우리나라의 경우 예로부터 사농공상의 전통이 남아 있어서 그런지 법조인이나 의료인에 비하여 사회적 지위나 평가도 낮다고 볼 수 있네. 그러나 앞에서도 언급했듯이 국가의 미래, 국가의 부는 기본적으로 그 나라의 공학적 능력에 달려 있다고 할 수 있네. 미국은 우주 과학이나 IT가 부를 이끌고 있고, 독일이나 일본의 부는 지속적인 제조업의 강점에서 나온다고 생각하네. 물론 의사는 사람의 생명을 다루는 고귀한 일을 하고, 판사나 변호사는 억울함이 없는 정의로운 세상을 만드는 데 기여하는 것이 사실이라네. 따라서 어떤 의미에서 모든 직업은 가치 있고 의미 있다고 할 수 있지.

하지만 그들의 직업적 산물은 즉각적인 국가의 부로 변환되지는 못한다네. 즉 그들의 직업적 소명과 일의 결과로 우리나라가 정의롭고, 안전한 나라는 될지는 몰라도 국민들의 부를 증대시키고 사회 안전망을 확립하는 데 필요한 국가적 부를 가져오지는 못한다는 점이네. 결국 우리나라의 부는 외국에 질 좋은 물건을 팔아서 그 돈이 국내로 들어와야 나라가 필요로 하는 부의 축적이 가능하다네. 그래서 국가는 이런 부를 이용하여 기초연금, 무상 교육, 사회 인프라 구축에 사용할 수 있다는 것이네.

또한 한 명의 의사가 평생 살릴 수 있는 환자의 수가 대략 수백 명 정도이고 변호사나 판사가 억울한 일을 당하지 않도록 도움을 줄 수 있는 소송인의 숫자도 수백 명 수준일 것이네. 하지만 한 사람의 유능한 공학자가 자신의 일에서 노력한 결과는 수백만 명이 안전한 사회적 인프라에 의지하면서 살 수 있도록 해 주며, 수백만 명의 안전과 편익을 가져오게 할 수 있다는 것이네. 즉 공학은 불특정 다수를 위해(재산의 유무, 학력의 높고 낮음, 인종과 성별 등의 구별 없음) 도움이 되는 것들을 만들어내는 직업이라는 뜻이네.

가끔 드라마를 보면 응급실에서 분주하게 그리고 헌신적

으로 생명을 구하는 응급 의사의 모습을 볼 수 있을 걸세. 사람이 죽어가는 긴급한 상황에서 헌신적인 노력으로 한 생명을 살리는 장면이야말로 그것을 보는 우리에게 감동을 주지. 하지만 수백만 또는 수천만 명의 생명을 전염병이나 기타 열악한 환경에서 구하기 위한 예방적 차원의 방재 기술(예를 들면 모기 퇴치, 방제, 하수도 관리, 수돗물 관리, 뚝 쌓기 등)은 공학적 기술에 바탕을 두고 있음에도 불구하고 대중의 주목을 받지 못하고 있다네. 왜냐하면 긴박하거나 불확실한 장면들이 별로 없기 때문이라네. 소위 말하는 '드라마틱하지 않다'는 이유이지.

게다가 위대한 공학적 업적은 눈에 잘 띄지 않는다네. 건물의 내진 설계용 벽, 다리의 하부 구조, 광통신 케이블 전송망, 휴대 전화 기지국 등 인류의 삶을 안전하고, 편리하게, 효율적으로 만드는 공학적 업적들은 눈에 잘 안 띄는 것이 특징이네. 우리에게 안전, 평온을 가져오는 것은 지루하게 느끼는 반면, 불안, 혼란을 불러일으키는 것은 우리를 흥분시키고 주의를 끈다고 할 수 있지. 그런데 공학은 기본적으로 삶의 안전과 평온을 유지하기 위해 노력하는 일이라네. 즉 공학적 일에서는 극적인 스토리가 없기 때문에 대중에게 인기가 없는 것은 당연하다는 것이지.

법정에서의 극적인 반전이 검사나 변호사를 스타로 만들고 있다는 것은 잘 알고 있는 사실이네. 하지만 위험한 상황을 미리미리 예측하고 대비하여 엄청난 피해나 파국을 모면하게 해준 공학자는 그다지 주목받지 못하고 있네. 그 이유는 다름이 아니라 대중들이 평소와 다름없는 하루를 보냈기 때문이라네. 따라서 이런 공학의 특성을 이해하면 비록 사회적 평가가 우리의 노력에 비하여 부족하다 할지라도 자부심을 가지고 공학적 일을 수행해야 하네.

공학자가 성장해야 기업이 성장하고, 기업이 성장해야 국가가 성장한다는 믿음을 가지고 일을 해야 하네. 어찌 보면 공학도의 성공은 결국 국가의 성공으로 귀결된다고 볼 수 있네. 요즘 미디어에서 새로운 기술에 대한 국가적인 경쟁에 대해 자주 보도되는 것을 보면 이제 공학의 중요성이 점차 많은 사람들에게 인식되어 가고 있다는 생각이 드네. 최근 벌어지고 있는 미국과 중국의 무역 분쟁의 핵심을 보면 결국 기술 주도권의 싸움이고, 이것이 미래의 강대국으로서의 존망을 결정한다는 것을 두 나라가 잘 알고 있다는 뜻이네. 국가 경쟁력을 결정하는 것은 기술력이며, 이것은 공학자의 능력에 달려 있다는 것은 이제 분명한 사실이 되었네. 개인과 국가의 미래는 공학자의 어깨에 달려 있다는 생각을 하면, 공학에 대한 자부심이 더욱 강렬하게 자네의 가슴에 새겨질 것이네.

• 성장통

우리는 종종 언론에 오르내리는 유명한 공학자들의 탁월하고 엄청난 성취에 대한 찬사를 접하곤 하지. 하지만 대부분의 위대한 업적은 알려지지 않은 실패와 좌절을 딛고 이룩한 것이라네. 대나무가 마디마디를 형성하면서 성장하듯이 누구라도 성장통은 있다네. 문제는 성장통을 어떻게 극복하느냐에 있다네. 중·고등학교 때 학교 성적이 우수하다고 그것이 우수한 공학자의 길로 연결되지는 않으며, 타고난 지능은 더욱 말할 나위도 없다네. 수많은 책에서 언급했듯이 어느 분야에서나 성공을 위해서는 열정, 끈기, 집념, 성실함이 필요하다네. 공학 역시 예외는 아니네.

『세계를 이끄는 한국의 창조적 공학자들』을 보면, 세계적 수준의 탁월한 연구 업적을 낸 우리나라 29명 공학 인재들의 솔직한 이야기가 실려 있다네.[45] 그 책을 관통하는 한 가지 주제는 누구나 좌절을 맛보았다는 것이네. 결국 좌절을 이겨내는 사람만이 그 분야의 진짜 인재가 되는 것이네. 어느 공학자의 일본 유학 시절의 이야기를 예로 들겠네. 그는 연구 주제에 대한 실험 결과가 너무 안 좋아서 어디서부터 잘못되었는지 고민하다가 지도교수에게 자문을 구했는데, 지도교수가 하는 말이 "생각했던 좋은 결과가 그대로 나오면 그건 연구가 아니다. 생각해도 안 되고, 또 생각해도 안 되는 그런 주제를 끈기 있게 밀고 나가는 것이 연구이다"라고 말했다더군.

---

45 앞의 책

사실 공학적 일은 대부분 해답이 없는 경우가 많다네. 대부분 새로운 일이며, 과거의 경험이 별로 없는 일이기 때문이라네. 따라서 누구나 다 힘들게 해법을 찾고 있다고 보면 된다네. 방송에서 탁월한 업적을 이룩한 사람들의 인터뷰를 보면, "그저 운이 좋았지요"라는 대답을 자주 보게 되지. 겸손함은 덕의 좋은 표현이기는 하지만, 세상에 운만으로 이루어지는 일은 절대 없다네. 자신의 일이 잘 진행이 안 될 때는 나도 남들처럼 성장통을 겪고 있구나 생각하면 우울하거나 좌절감을 피할 수 있다고 조언해주고 싶네. 게다가 성공은 교만과 과도한 자기 평가로 이어질 수 있지만, 실패는 새로운 검토의 기회가 되기도 하니 실패와 고난이 결코 나쁜 경험만은 아니라는 것이네.

• 협동, 협업

앞의 3장 프로젝트에서 협동의 중요성에 대하여 언급하였고, 여기서는 협동 정신에 대하여 이야기하고자 하네. 인간은 사회적 동물이며, 다른 사람과의 관계에서 자신의 정체성과 가치를 판단한다네. 쉽게 말해 남의 평가에 민감하다는 것이네. 공학자의 성공이라는 측면에서 공학자가 일에서 누리는 가장 큰 쾌감과 보람은 아마도 성취감일 것이네. 돈과 명예는 그 업적에 따라올 수도 있고 안 올 수도 있지만, 성취감은 반드시 온다네. 세상에는 다양한 가치관을 가진 사람들이 살고 있기 때문에 모두가 다 돈, 명예, 권력을 우선적으로 추구하지는 않는다네.

공학은 필연적으로 대부분 팀으로 이루어지고, 그 성과 또한 팀으로 함께 누린다네. 사실 혼자서 모든 영광과 명예를 독점하는 것이 좋아 보일지 모르지만(과학 분야는 그럴 가능성이 많다고 생각할 수 있지만), 기쁨은 함께 나눌 때 배가 된다고 하지 않는가? 함께 노력하고, 함께 고통을 이겨내면서 이룩한 성공적인 업적을 함께 누리고 즐기는 것이야말로 얼마나 감동적인 경험인가? 공유된 경험을 누릴 수 있는 동료, 후배들이 있다는 것, 이것이 후일 과거를 추억하면서 즐거운 기분을 느끼게 해주지 않겠나?

『교양있는 엔지니어』의 저자 플리먼은 공학 조직을 프로야구팀에 비유를 했네. 그는 일을 하다 보면, 동료들이 공통의 목적 아래 함께 하고 싶은 괜찮은 사람들이라는 사실을 알게 된다고 했다네. A팀의 강력한 경쟁 상대였던 B팀의 선수가 A팀으로 트레이드되어서 오게 되면, 그는 다시 A팀의 승리를 위하여 최선을 다한다네. 팀은 공통의 목표를 위하여 노력하는 집단이기 때문이지. 그리고 사회는 그런 집단에 의하여 지탱이 되고, 상호 견제가 되기 때문이네. 그런 의미에서 노동조합, 정당, 종교단체 등도 공동의 목표를 추구하는 팀으로 볼 수 있다네. 또한 그런 공동체는 반드시 열정과 질서와 협력이 필요하다네. 우리는 개인주의 사회에 살고 있지만 우리 일터에서의 상호 신뢰와 충성은 개인의 행복과도 직결된다고 할 수 있네. 하지만 명

예롭지 못한 일에 대해서는 집단에 대한 충성보다는 정의로운 분노를 강조했지.[46]

그가 이야기하는 것은 개인적인 행복을 추구하면서도 많은 시간을 보내는 조직에서 다른 조직원들과 협동을 통한 원만한 인간관계를 갖는 것이 중요하다는 것이네.

• **유형의 성과물과 무형의 경험 전달**

나의 삶을 돌이켜보면, 인생에서 그리고 가정에서 성공하는 것보다 공학자로 성공하는 것이 오히려 더 쉬운 일인지도 모르겠다는 생각이 드네. 그리고 일상에서 행복을 느끼기보다는 공학적 일에서 행복을 느끼는 것이 더 빈번한 일이라는 생각이 드네. 비록 직업적 성공이 인생의 성공을 의미하지는 않지만, 그래도 자신의 직업적 일을 통해서 인생 전반에 대한 만족감을 얻는 것은 바람직하다는 생각이 들기도 하네. 이것마저 없다면 우리는 어디서 삶의 만족감을 얻겠는가?

이런 관점에서 내가 생각하는 공학자의 성공적인 삶을 이야기하면, 성공한 공학자는 자신에게 주어진 어려운 공학적 문제의 다양한 해법을 찾고, 공학이라는 직업의 역동성과 다양성을 즐기고, 동료들과 소통을 통한 상호 이해의 폭을 넓히고, 이

---

46 교양있는 엔지니어, 새뮤얼 C. 플리먼, 문은실 옮김, 생각의나무, 2007

를 통하여 다양한 사람들의 개성을 받아들이고, 마지막으로 자신이 얻은 지식과 경험을 잘 정리하여 후배들에게 전달하는 것이라네.

오래전에 미국의 유명 대기업에서 오래 근무하고 퇴직을 앞둔 분과 나눈 대화를 소개하면, 그분은 미국 굴지의 대기업에 입사해 연구개발 부서에서 주로 신규 개발 프로젝트를 맡아서 일을 하면서 퇴직 때까지 3~4개 정도의 대형 프로젝트를 수행했다고 말했지. 시간이 지남에 따라 자신이 담당하는 프로젝트에서 맡은 임무와 권한이 커지고 매시간 엄청난 스트레스로 힘들었다고 하더군. 그는 자신의 경험으로 볼 때, 공학자는 평생 몇 가지 어려운 프로젝트를 진행하다 보면 어느새 정년이라는 거지. 그래도 다행스러운 것은 하나하나의 프로젝트가 언제나 새롭고 어려운 일이었지만, 한편으로 생각해보면 역동적이고 매력적인 과제들이었다는 것이네. 시간이 지나고 보니 프로젝트의 도전적인 문제들이 결국에는 해결이 되고, 그에 따른 성취감은 지금도 생생하다고 하더군. 또한 자신이 성공한 프로젝트의 결과물이 미국 전역에 광케이블을 이용한 정보 통신 장비에 사용되는 것을 생각하면 항상 보람을 느낀다고 말하더군.

그가 평생 수행한 몇 가지 공학 프로젝트의 연구개발 과정을 회고하는 자리에서 나는 공학의 자부심과 성취감을 느낄 수 있었네. 공학자의 업적 중에는 우리 삶의 보이지 않는 부분에서 삶의 편리함과 우리의 생명, 건강을 지켜주는 공학적 업적들이 많이 있다는 것을 기억하게나. 그리고 때로는 공학자 스스로가 이룩한 공학적 결과물에 자신조차 놀랄 때가 있다네. 이렇듯 세상 밖으로 나온 공학적 결과물은 공학자가 자신의 직업적 일에 대해서 보람과 성취감을 느끼는 유형의 재산이 된다네.

하지만 나는 여기서 공학자의 성공에 대하여 한 가지 더 첨부할 내용이 있네. 공학자로 성공한다는 것은 단지 훌륭한 업적을 이루어냈다는 것으로 완성되지는 않는다는 것이네. 공학은 수천 년 선조들의 지혜가 이어져 내려온 것이며 이러한 지식 전달이 책으로, 그림으로 또는 구전으로 쌓여 온 결과라네. 따라서 경험을 많이 쌓은 공학자라면, 공학의 지속적인 발전을 위하여 자신의 경험을 후배 공학자에게 잘, 정확하게 전달할 의무가 있다고 생각한다네.

공학과 과학의 발전은 대부분 잘 전달되어 온 과거의 정보에 크게 의지하고 있다는 것은 잘 알려진 사실이네. 책이라는 것은 과거 정보의 기록이며, 뉴턴 또한 이렇게 말하지 않았는가? "내가 멀리 볼 수 있었던 것은 시력이 좋아서도, 키가 커서도 아니고, 다만 거인의 어깨 위에 올라섰기 때문이다."

정보의 기록 및 전달은 공학 발전의 중요한 부분이라네. 자료를 정리하고 교훈을 기억하고 질서정연한 참고 자료를 만드는 것은 미래를 준비하는 것이라네. 공학자들은 계산에는 익숙하지만 문서 작성이나 기록에는 재능이 없다는 평가를 받고 있다네. 나는 이것 또한 편견이라고 생각하네. 누구나 자주 쓰다 보면 결국에는 잘할 수 있다네. 물론 남들에게 멋있게 보이기 위해서 쓰는 것보다는 솔직하고 정확하게 쓰는 것이 더 중요한 것은 두말할 나위도 없다네.

지식과 경험의 전달이라는 측면에서 보면, 대학에서 정년퇴임을 하는 교수님들과 연구소에서 정년을 하시는 분들의 이야기를 조금 하고 싶네. 은퇴를 하는 공학자 대부분은 제2의 인생을 산다고 하면서 과거의 일에서 벗어나 새로운 일을 하는 것을 자주 본다네. 자신의 두 번째 인생은 스스로 선택하겠다는데 어느 누가 뭐라 할 수는 없지. 주말 농장, 악기 연주, 서예, 여행, 봉사 등은 나도 은퇴 후에 하고 싶은 일들이라네. 다만 아쉬운 점은 그분들이 현장에서 겪은 경험과 체득한 지식이 퇴직 후에 별로 활용되지 못한다는 점이네. 본인들 또한 자신의 지식과 경험을 전달하는 데 관심이 적다는 것이네.

하지만 그분들의 지식과 경험은 그분들의 공학적 삶의 결정체이고, 후배들에게는 더할 나위 없는 값진 지혜라네. 더구나 현직에서 엄청난 능력과 통찰을 보여주었던 분들이 소리 없이 퇴장하는 모습은 너무나 안타깝다네. 자신의 경험과 앞으로의 전망 그리고 자신의 분야에 대한 발전 방향에 대하여 짧은 글이라도 남기면 좋겠다는 것이 나의 소망이라네. 그것은 분명 어떤 분야, 어떤 시기에 후배들에게는 큰 도움이 될 것이고, 이런 유산은 미래에 발생할 수 있는 시행착오를 막을 수 있고, 미래에 대한 영감 역시 얻을 수 있다고 생각하기 때문이네. 자네도 은

퇴를 하게 되는 시기가 오면 이런 무형의 자산을 반드시 후배에게 물려주기 바라네.

자네의 공학적 성공을 기원하면서 마지막 편지를 마치네.

나가며

2002년 월드컵 4강 진출이라는 역사적 성과의 주역이자 방송 해설가로 인기가 높은 이영표 씨는 2014년 브라질 월드컵에서 한국 대표팀 감독이 월드컵 참패가 좋은 경험이 될 것이라고 말하자, 월드컵 무대는 경험을 쌓는 곳이 아니라 자신의 실력을 증명하는 곳이라고 일갈하였다. 맞는 말이다. 다행히도 대학은 월드컵 무대가 아니다. 대학은 실력을 증명하는 곳이 아니라 경험을 쌓는 곳이다. 사회에서 겪을 실패와 실수를 미리 많이 경험할수록 훌륭한 공학자로 성장하는 데 도움이 될 것이다. 공과 대학은 운동장에서 학점으로 실력을 증명하기보다는 다양한 경험을 통해 단단하고 내공 있는 젊은 공학자로 성장하는 곳이다.

삶은 쉽지 않다. 공학의 길 또한 쉽지 않다. 하지만 다른 분야 역시 보이는 것만큼 화려하거나 쉽지는 않다. 어떤 이유로든 공학을 전공하게 된 이상, 엄청난 상실감을 느끼지 않는다면 이제 공학의 길에 매진하길 바란다. 누구나 열심히 매진해서 그 분야의 정점까지 올라선 후에야 그 분야를 잘 알 수 있게 되고, 남에게 잘 설명할 수 있게 된다. 그리고 적성에 잘 맞았다고 자부할 수 있다. 자신이 선택한 직업이 적성에 잘 맞는지 안 맞는지는 오랜 시간이 지나서야 판정된다. 전공 공부가 조금 어렵다고, 취업의 어려움이 있다고, 지방 근무는 곤란하다는 이유로 전공을 바꾸어 보았자 오십보백보일 확률이 높을 것이다. 또 다시 자신의 적성과 맞지 않는다는 다른 변명과 이유가 쏟아져 나올 테니 말이다.

앞에서 언급했듯이 그동안 공학은 공학이 이룬 업적에 비하여 사회적 평가가 낮았다. 역사적, 사회적 요인도 있을 것이지만 분명한 것은 점점 그 중요성을 일반 대중들이 인식하고 있다는 것이다. 공학은 새로운 것을 창조하고, 어려운 문제를 해결하고, 우리의 삶을 개선하는 데 가장 효과적이고 가장 영향력 있는 분야이다. 또한 공학은 매우 역동적이며, 성공을 위해서는 상호 협력과 소통이 요구되기도 한다. 공학은 확실한 답이 없는 어려운 문제를 푸는 것이고, 가장 효율적인 근사치를 찾는 학문이기 때문에 그 해결책 또한 다양하다. 그래서 나는 공학이 매력적인 분야라고 생각한다.

그림이나 음악을 잘 이해하기 위해서는 기본적인 지식이

필요하듯, 공학 역시 잘 이해하고 제대로 수행하기 위해서는 기초 지식이 중요하다. 이 책은 앞으로 다양한 공학적 문제를 마주해야 하는 예비 공학도 또는 신입 공학도가 자신의 일을 잘 수행하는 데 필요한 기본 지식을 제공하고 있다.

✉

우리나라는 강대국의 틈새에 끼인 지정학적 요인에도 불구하고 항상 침략과 정복의 위험으로부터 잘 버티어 왔다. 주변의 정치적, 경제적, 군사적 위협이 고조될수록 국가의 자존을 지키기 위해서는 부강한 나라가 되어야 한다. 우리에게는 인적 자원밖에 없지만 사실 인적 자원이야말로 다른 어떤 자원보다 강력하다. 천연자원은 시간이 지남에 따라 고갈될 수 있지만 인적 자원은 훌륭한 교육과 합리적 사회 구조 속에서 지식과 경험이 다음 세대로 제대로 전수된다면 고갈 걱정 없이 계속해서 좋은 인적 자원을 생산할 수 있기 때문이다.

우리나라의 인적 자원은 외부에서는 높게 평가하지만, 우리 자신은 상대적으로 가진 능력에 비해 평가는 박한 편이다. 우리 핏속에는 창의성과 능동성의 훌륭한 잠재력이 있고, 위기 때마다 그 어려움을 극복한 역사도 많다. 우리나라가 주변 국가들로부터 스스로의 자립과 자주를 지키려면, 공학의 힘이 무조건 필요하다. 부강한 나라는 함부로 넘보기 힘들기 때문이다. 부강한 나라는 기술적, 산업적 혁신과 창의성으로 이루어진 단단한 산업 기반에 의지한다. 국가의 부는 국가가 가지고 있는 기술력에 의하여 결정된다. 기술 경쟁으로 국가의 부가 결정되는 이 시점에서 공학의 임무는 그래서 막강하다. 우리의 막중한 임무를 생각하면 공학자는 더욱 힘을 내서 분발해야 한다.

우리는 역사적으로 훌륭하고 뛰어난 공학적 업적들을 많이 가지고 있다. 서울대 이면우 교수가 저술한 『생존의 W이론』에 나오는 선조들의 과학 기술문화(실제로는 공학에 가깝다)의 독창성을 여기서 다시 소개하고 싶다.[47] 이를 통해서 우리가 미처 알지 못하고, 그 가치에 대한 충분한 해석이 얼마나 부족했는지 알 게 될 것이다.

석가탑은 직선만을 사용했다. 기하학적 대칭 구조의 대표적인 작품이지만 보는 위치에 따라 직선으로 구성된 탑의 날개는 곡선으로 보이며 하늘로 치켜 날아오른다.

에밀레종은 소리가 끊어졌다가 다시 살아나기를 10여 차례 반복한다. 종소리를 컴퓨터로 분석해 보면 오늘날의 주조 기술로도 상상하기 어렵다고 한다. 종을 만드는 과정에서도 여러 군데의 주입구를 통해 들어가는 쇳물의 양이 정확하게 일정해

---

47 생존의 W이론, 이면우, 랜덤하우스코리아, 2004

야 하고, 쇳물이 식어가는 온도가 전체적으로 균일해야 한다고 한다. 이런 기술은 현대에서도 실현하기가 어렵다고 한다.

거북선은 쇠못을 쓰지 않고 나무로 된 곡선 형태의 못을 사용했다. 곡선 모양의 나무못은 물에 불어서 연결 부위의 빈틈을 없애준다. 쇠못은 바닷물에 부식되어 항해가 계속되면 틈새가 벌어진다. 거북선은 10~15cm 두께의 송판으로 건조했다. 곡선형 나무못으로 목판과 접합된 거북선은 외부의 충격에도 선체에 변형이 생기지 않는다. 일본 선박인 세키부네는 5cm 두께의 목재를 사용했고, 쇠못으로 건조되어 외부에서 충격이 가해지면 못이 쉽게 빠지고 목판 사이가 벌어진다. 이는 당시 우리와 일본의 조선 기술의 차이를 잘 보여준다.

제지 기술도 독창적이다. 천 년이 지나도 지질이 변하지 않는 종이는 우리나라 닥종이밖에 없다. 궁중에서 사용된 접착제의 제조 기술도 우리가 세계 최고였다. 책을 제본하고 나면 박테리아가 접착제부터 먹어치운다고 한다. 그런데 궁중에서 쓴 접착제는 종이를 먹는 좀에게는 독약이었다. 그래서 600년 넘은 고문서의 책장을 넘길 때마다 새로 만든 화보집처럼 경쾌한 소리가 난다고 한다.

고려청자는 1,000년이 지나 바다 속에서 건져도 부식이 하나도 없이 신비로운 색을 그대로 간직하고 있다.

불상의 금장 기술, 석굴암의 공기 조화 기술, 해인사 서고의 통풍 기술, 직지심경과 목판 기술, 금속활자와 인쇄 기술, 피복의 금박 기술, 자개장의 박피 세공 기술 등 선조들의 과학 기술 업적은 끊임없이 이어지고 있다.

⊠

그의 마지막 문장은 이렇게 끝이 난다. 왜 역사책에서 우리의 현란한 과학 기술 문화를 자랑하지 않았을까? 왜 이처럼 독창적인 과학 기술이 단절되었을까?

이것은 지나치게 서양문물과 서양의 과학지식을 높게 평가한 우리의 교육과 가치관에도 문제가 있다. 서양의 과학지식이 현대의 문명을 가져왔고, 그 업적은 당연히 높게 평가를 받아야 한다. 하지만, 우리 선조들의 고유의 공학적 업적 또한 무시 못 할 독창성과 세련됨을 지니고 있다. 당파 싸움과 성리학 논쟁만으로 시간을 보낸 것이 아니다. 묵묵히 자신의 일을 하는 장인은 어디에서나 있다.

나는 우리 젊은 공학도들의 잠재력을 높게 평가하고 있다. 학교 강의실과 연구소, 공장에서 젊은 공학도들의 성실성과 의욕 그리고 잠재력을 경험했기 때문이다. 여러분들은 자신이 스스로 평가하는 것 이상의 능력을 가지고 있다. 아직 표현을 하지 못하고, 기회를 가지지 못했을 뿐이다. 스포츠와 예술 분야에서 세계적 두각을 나타내는 것 이상으로 공학 또한 세계적으로 두각을 나타낼 능력은 충분히 갖추고 있다. 사명감과 자신감이 합쳐지면 가능한 일이다. 공학의 힘으로 국가의 번영을 이룩해 낼 수 있다.

공학에 대한 나의 짧은 지식과 경험을 최대한 이 책에 담아 보았다. 나에게는 하나의 사명감이었다. 이제 여러분이 나설 때다. 마지막으로 이 문장을 같이 읽으며 글을 마치겠다.

> 여러분은 어떤 목표를 가지고 일을 하는 데 있어서 성공하거나 또는 배울 수 있는 경험을 가질 것입니다. 실패는 아무것도 하지 않을 때의 결과입니다.